空杯

精装版

归零的哲学

蔚岚 著

时事出版社
北京

图书在版编目（CIP）数据

空杯：归零的哲学 / 蔚岚著 .—北京：时事出版社，2020.1（2025.5 重印）

ISBN 978-7-5195-0085-6

Ⅰ.①空… Ⅱ.①蔚… Ⅲ.人生哲学－通俗读物 Ⅳ.① B821-49

中国版本图书馆 CIP 数据核字（2019）第 053707 号

出 版 发 行：时事出版社
地　　　址：北京市海淀区彰化路 138 号西荣阁 B 座 G2 层
邮　　　编：100097
发 行 热 线：（010）88869831　88869832
传　　　真：（010）88869875
电 子 邮 箱：shishichubanshe@sina.com
印　　　刷：河北省三河市天润建兴印务有限公司

开本：880×1230　1/32　印张：8　字数：135 千字
2020 年 1 月第 1 版　2025 年 5 月第 3 次印刷
定价：50.00 元
（如有印装质量问题，请与本社发行部联系调换）

前言

过往的经验一直在不断告诉我们：过一种特有的生活，拥有得越多，人生才会越便捷。但是，随着时间的推移与实践的增多，你会发现这并不是一条毫无漏洞的“经验之谈”：当你带着过往的经验去适应新的工作，会发现它有时并不能成为你的助力，反而会是一种阻碍；所谓的身份与职位，会限制你的行为与思考，使学习陷入瓶颈；在不断的追逐与获得中，拥有的不再是新鲜的刺激，你会慢慢失去对幸福的敏锐感知，变得疲惫和无奈……当生活陷入疲于奔命却毫无进展的恶性循环时，你需要懂得为自己加注，更要学会将心灵妥善整理与清空。

心灵如同一只杯子，不断往已满的杯子里倒水，只会徒增浪费，只有将杯子不断清空，才能有空间接纳更多。空杯，是心灵的归零。功夫巨星李小龙也同样推崇这种生活方式："清空你的杯子，方能再行注满，空无以求全。"

零，意味着一无所有，也意味着无限可能。每一次归零，都是一次重新开始的机会，也只有归零，才能开启一段新的周期。归零意味着有效的取舍，将无用的放下，让拥有不再成为一种负累；它也是一种朝向未来的积极态度，是对过去生活的矫正，将过去的荣辱悲喜放下，过去的一切无论好与坏，都不再影响当下与未来。所有的清空都是为了容纳更好的自己，放下所谓的高度，以谦卑之心面对，才能突破现有的瓶颈，实现下一个进阶。

人生唯有不断刷新重启，才能永远处于进步的状态。本书从"物欲归零""心态归零""压力归零"三个方向出发，解读“空杯”这一积极的人生哲学，告诉读者当人生被挤压时如何调试心态、整理心灵，如何把“归零”当成一种生活的常态，以更加轻松健康的心态去工作与生活。

目录

—— 第一篇 ——

物欲归零：素简是人生最好的状态

第三章　有底线地追求想要的一切

—— 第二篇 ——

心态归零：静下心来，找回迷失的自己

第四章　别急着成功，也别急着失望

第五章　身处顺境去发现阴影，身处逆境去寻找光亮

第一篇 物欲归零

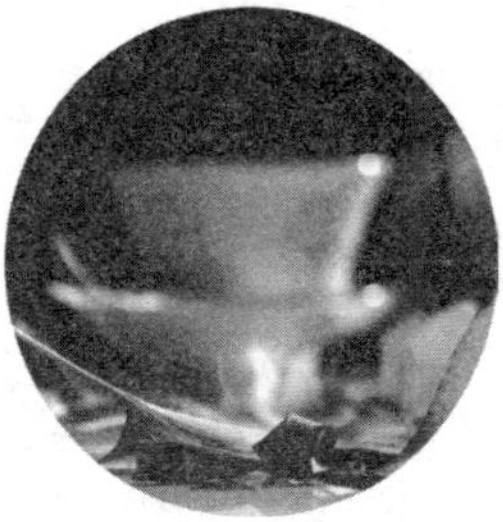

素简是人生最好的状态

第一章 将名利放置于人生合适的位置

一个人光溜溜地到这个世界来，最后光溜溜地离开这个世界而去，彻底想起来，名利都是身外之物，只有尽一个人的心力，使社会上的人更多得到他工作的裨益，才是人生最愉快的事情。

——邹韬奋

|01| 人生之祸大多由不知足而起

人的欲望是无止境的，面对诱惑纷繁的世界，你若是一个“不知足”者，那令你心动的诱惑必然繁多，你会发现自己永远是这个世界的“贫穷者”。

关于欲望，叔本华有一段很准确的评价：欲望过于剧烈和强烈，就不再仅仅是对自己存在的肯定，相反会进而否定或消除别人的生存。用“上帝的命定”或“天理”来取消或压制别人的欲望是不合理的，但过度推崇与放纵欲望也是愚蠢的。欲望不是纯粹的、绝对的东西，它需要理智的调控与节制，它也绝不可能像有人声称的那样，是文明发展的唯一动力。

然而在现实生活中，有太多的人不知节制，一头扎进欲望的樊笼而不能自拔，卷入世俗的纷争和烦扰，并且以此为乐。他们为了满足欲望，不惜抛去亲情、爱情，抛去人性中本应坚守的良善、友爱、公平、正义等美好的情怀，有的甚至拼掉健康和生命，这其中，有些人成功了，也有些人失败了，有些人因得到一点蝇头小利而得意扬扬，耻笑他人，也有些人因失去一点蜗角虚名而哭天抢地，怒不可遏。

古代有一个国王，刚刚登基，外族都不臣服，经常犯边滋扰。于是国王召开会议，决定用武力使四夷臣服，进而安定边疆。

国王颁布诏书，民间要是有肯为国出力者，皆有重赏。

不出十天有三个年轻人应召而来。高个子的叫若木，善骑术；矮个子的叫宾蒂，善射术；中等个的叫天定，善于谋略。国王择日让他们三人带领大军开赴边疆。

日子不多，边疆的喜讯不断传来，三个年轻人屡建奇功。一个月以后，四夷臣服，边疆得到了安宁。得胜之师回到都城，国王要给将士论功行赏。

国王对三个年轻人说："你们有什么要求，尽管说！"

若木说："我要做大将军，为陛下镇守边关！"

宾蒂说："我要做尚书，替陛下分担国事！"

天定却说："我一不当官，二不领兵，三不要钱，我只希望陛下能赐我一块牧场和一群牛羊！"

国王一一满足了三个年轻人的要求。

若干年后，天定正在牧场上吹着笛子欢快牧羊的时候，消息传来，若木和宾蒂因为权势熏天而不满足，遭到了皇帝的贬斥，全都入狱了。

唐人李群玉在《放鱼》一文中说："须知香饵下，触口是铦钩。"那些贪食贪财之人，无不是在欲望的钩子上败走麦城。更有甚者，对钱财、对权位、对美色贪得无厌，肆无忌惮地用不法手段攫取，以致搬起石头砸自己的脚，最终弄得身败名裂甚至误了性命。正如道家鼻祖老子在《道德经》中所言的："甚爱必大费，多藏必厚亡。故知足不辱，知止不殆，可以长久矣。"过于重视名利就必定要为此付出更多的代价，过于积敛财富必定会遭受更为惨重的损失。所以说，懂得满足，才能免于屈辱，懂得适可而止，才不会危机重重。

1983年，石油危机爆发，石油大亨默尔不停地奔波于两州之间，连日的劳累终于使他病倒了。但当他病好后却卖掉了公司，回到老家苏格兰定居下来。记者问他原因，默尔指着罗斯顿的名言，说："利奥·罗斯顿给了我启发，他说你的身躯很庞大，但你的生命需要的仅仅是一颗心脏。"后来，默尔在他的自传中写了这么一句话："富裕与肥胖没有什么两样，不过是获得超过自己所需的东西罢了。"默尔正是从罗斯顿的名言里学会了知足，并明白了，对于一个人来说，最大的财富就是健康和快乐。

常常有人抱怨，活着真累，做人有太多的愁苦忧烦。那是因为无穷无尽的欲望总难以满足，失望与忧伤时常向我们袭来。《菜根谭·应酬篇》中说道：“淡泊之守，须从浓艳场中试来；镇定之操，还向纷纭境上勘过。不然操持未定，应用未圆，恐一临机登坛而上品禅师又成一下品俗士矣。”来到手中的欣欣然接受；从手中溜走的，怡怡然放手。对生活不挑剔、不苛求、不怨恨，在名利的沉浮与得失中，保持自己朴素的生存方式和平宁的生活习惯，如此才能不被世俗纷争所困。诺贝尔说：“知足是唯一真正的财富。”从现在起，卸下对拥有的过分苛求，用崭新的眼光重新审视你的生活，你会慢慢发现自己的富足。

|02| 放下了名利心，就放下了各种烦恼

很多人一生都在追求名利，在汲汲营营中过完了忙碌的一生，到头来却发现自己被这些身外之物压得透不过气来，而放下了名利心，就放下了各种烦恼，就能收获一份轻松。

人一生下来就面对一个五彩缤纷的世界，如果不能放下名利心，就极易在比较的心理下产生嫉妒情绪；在蝇头微利面前言不由衷；在逢迎拍马中殚精竭虑；为一得而忘乎所以，为一失而灰心丧气……

名利之心又常常难以满足，富了会“得一千，想一万”；名利双收了，还会“昨怜破袄寒，今嫌紫蟒长”；黄道无缘，又会咒怨命途多舛、宏图受阻，哀叹身不由

己、力不从心……这一切使你陷入心力交瘁的泥潭而郁郁寡欢。

有一个富翁身背许多金银财宝去寻找快乐，可是找了很久都未能找到他想要的，于是他沮丧地坐在山道旁。

这时，一农夫背着一大捆柴草从山上走下来，富翁拦住农夫问："我家财万贯，衣食无忧，请问，为何我没有快乐呢？"农夫放下沉甸甸的柴草说："你想要快乐？很简单。"他指了指富翁沉甸甸的钱袋，说了两个字——放下。

富翁茅塞顿开：自己背负那么多的金银财宝，老怕被人暗害，整日忧心忡忡，快乐从何而来？后来，富翁将珠宝钱财用来救济穷人，他在看到那些穷人快乐地生活时，也从中尝到了快乐的滋味。

其实，生活中很多悲剧产生的原因往往就是我们无法放下已经拥有的"东西"：有些人不能放下金钱，有些人不能放下爱情，有些人不能放下名利，有些人则是不能放下执念。

尼尔·唐纳·沃许在《与神为友》一书中写道：“我不会‘抓紧’任何我拥有的东西！我学到的是，当我抓紧什么东西时，我才会失去它，如果我‘抓紧’爱，我也许就完全没有爱，如果我‘抓紧’金钱，它便毫无价值，想要体验‘拥有’任何东西的唯一方法，就是将它‘放掉’！”的确，唯有懂得放下，才能更轻松地拥有；也只有懂得放下，才能活在当下，心中的那扇天堂之门才会为你敞开。

放下是一种心态，更是一种品格、一种境界。放下了自我，才能想到别人；放下了个人，才能想到国家和人民；放下了渺小和卑劣，才能赢得伟大与崇高。学会放下，你会拥有更高格局的人生。

|03| 练就一颗平常心，看淡名利才能不被名利所扰

有了淡泊名利的平常心，你就会发现，快乐其实就在生命中不为人注意的某个瞬间、某个角落，就在你的身边。

司马迁在《史记·货殖列传》里写到："天下熙熙，皆为利来；天下攘攘，皆为利往。"曹雪芹的《红楼梦》开篇偈语就是"世人都晓神仙好，唯有功名忘不了"。可见，名利在人们的日常生活中扮演着不可或缺的角色。

现实中有不少这样的人，当名利尚未得到时，他会尽心竭力、惨淡经营，甚至把名利当作自己生命的支柱而孜孜追求；待名利得到后，还要机关算尽、战战兢兢、如履薄冰，唯恐一个闪失而丢官失利，结果弄得自己身心交瘁。

他们的可悲之处就在于，丧失了对待名利的正确态度，结果反被名利捉弄。

有这样一个人，从年轻时代起她就发誓，将来要住进豪宅，出门要有轿车代步，衣服要追逐时尚，饰品要讲究名牌，每天吃山珍海味，进出大门有仆人迎送，子女也要个个出色。

20年过去了，豪宅、仆人、名车、精品、美食、子女已样样不缺——但她还是觉得不够，总希望所有的东西都能更气派、更华丽。为此，她积极地将一笔笔钱拿去做投资，或用来提升家里的生活品质。

就在她以为这辈子终于可以高枕无忧时，她的噩梦开始了。

好不容易栽培成才的儿子，在一次和父母大吵后将门一摔，从此再没音信。她最宠爱的小女儿进了大学，读了她认为毫无出路的中文系，整天关在房里写文章做着作家梦。她的先生自始至终都在埋头赚钱，对家里的一切毫不关心。她开始觉得自己好像住在高级、精美的真空罐里……

我们很容易将工作单单视为换取金钱的手段，不计代价地将自己投入其中，再将赚到的钱拿来填补生活的缺口——这原本是很单纯的谋生方式。然而，当我们剥夺太多的单纯与平实，以过多的奢华来装饰自己时，就得用我们生命中重要的关系去填补。付出的代价往往是和我们最亲近的人疏离，甚至是放弃自己。

对待名利，我们应该保持一颗平常心。所谓平常心，是看到别人享受荣华富贵而不羡慕；看到别人拥有万贯家财而不嫉妒，珍惜自己所拥有的一切；是从精神上摆脱物欲的羁绊，懂得欣赏他人的荣耀、成就和美丽。平常心，它能使我们从沉迷中变得清醒，在贪求中变得淡泊，对名利之物能拿得起、放得下、看得开。

一个拥有平常心的人，他没有不满、没有怀疑、没有嫉妒、没有牢骚、没有抱怨、没有恐惧。所以他是生活在满足中的人，他的人生是享受的人生。有了淡泊名利的平常心，你就会发现，快乐其实就在生命中不为人注意的某个瞬间、某个角落，快乐就在你身边。

|04| 与其追虚逐妄，不如追寻名副其实

名不副实和欺世盗名都是为人之大忌。

中国自古以来就认为出人头地、光宗耀祖才是成功。中国的武官打仗打胜了，大都要荣归故里，而文人一旦金榜题名，必要衣锦还乡。项羽的话最能说明问题：“富贵不归故乡，如衣锦夜行，谁知之者！”可以说，他们所做的一切努力，都是为了享受“归故乡”的荣耀，体验人人仰视的快乐。

当然，自古以来也一直存在着反对追虚逐妄，强调名副其实、忌讳声闻过情的理性的声音。王阳明在《传习录》中说：“为学大病在好名。”薛侃则以自己“务外为人”的亲身体验，说明了“闻誉而喜，闻毁而闷”的“好名”之病。

王阳明也对名与实的关系做了这样的说明:“务实之心重一分，则务名之心轻一分。全是务实之心，即全无务名之心。若务实之心如饥之求食，渴之求饮，安得更有工夫好名?”又说:“‘疾没世而名不称’，‘称’字去声读，亦‘声闻过情，君子耻之’之意。实不称名，生犹可补，没则无及矣。四十五十而无闻，是不闻道非无声闻也。孔子云:‘是闻也，非达也。’安肯以此望人?”阳明先生可谓用心良苦。他以“务实”来去除“务名”之病，警告世人名不副实之害。然而，真正将这劝诫入耳入心者却为数极少。古往今来，无实者为求好名声“弄巧”的有，“成拙”的也不再少数。

话说古时候有一个师爷，他生性愚钝，却又十分贪图名声。一日同僚聚会，推他为东道主。为避免当场出丑，他预先召齐众歌妓，一一问明乐曲名目，记在一张纸条上。等客人到齐，请他点曲。他却误将一张药方拿了出来，见上面写着“附子三分，当归四分”几个字，便喊道:“且奏附子、当归送客!”顿时满座哗然。

按王羲之的说法，这种人可以叫作“啖名客”，啖者吞也，就是不管生熟冷热，想一口吃个大胖子。但这个师爷实在不幸，“啖名”不成，反而被人笑掉了大牙。

本无真才实学，如何求得好名声？那就只好走捷径，不懂装懂。装砸了没的说，如果真能装得别人看不出来，自然就捡了便宜，暂把名声赚入囊中。先人把这伎俩称为“盗名”，真是形象得很。明人瞿汝稷撰《指月录》，搜罗佛门公案甚多，后来僧俗学禅者皆人手一册，以为谈资，其实都是一知半解，不懂装懂。有个叫余怀之的人实在看不下去了，当头棒喝道：“究其所学，下者目不识丁，高者不过携《指月录》一部而已！以此诳人，实以自诳；以此欺人，实以自欺。”可余怀之有一点没看透，欺人事小，欺世事大。

虚名害人，人所共诛之；虚名害己，却又往往为人所不觉。于是名声这东西便在无意中给生命的发动机上紧了发条，让人像机器一样不眠不休，直至力竭而尽，到那时你也许才明白，自己所追寻的不过就是一个彻头彻尾的虚幻的影子。

第二章 | 生活越素简，内心越自由

素简，是一种修炼到极致的境界，至真至美，至情至，味道十足而又无比简单，高贵非常却又倍加温暖。那是执着、奉献、努力、拼搏后才会拥有的美好心境，是博大宽容的心里盛开的那朵名为宁静和从容的花。

|01| 为人生做减法，过简约的生活

有人问大师罗丹雕塑的秘诀，他回答说：“减去多余部分。”人生亦然。学会为人生做“减法”，过简约的生活，生命将会更轻松。

房间里的东西太多、太乱，会使人感到非常压抑，心里不舒服。这时，一些杂七杂八的东西就需要清理，该整理的整理、该搬的搬、该扔的扔，以此保持房间的整洁，

而人的心房也需要这样的清理。

30岁之前，人在不断地做加法，即不断地从社会中积累自己的财富、情感、经验、知识……而到了40岁，人就要学会做减法，学会舍弃一些负累和一些添堵于心的东西。

一位踌躇满志的老板在事业上取得了不凡的成就，公司年纯赢利上百万，可是他对员工却非常小气，自己也非常节俭。为了省钱，他不坐飞机只坐火车，吃的是方便面，住的是小旅馆。一次办事回来，路上翻了车，他负重伤进了医院，还好有幸保住了自己的两条腿。

经历这次劫难后，老板前后判若两人，人变得温和谦恭，对员工的态度也有了改变。

有人问他其中的原因，他直言不讳："以前，我都是用加法来衡量人生，人活着要日积月累地发展，要像滚雪球一般地攒钱。自出事以后，我发觉人生适宜用减法，假如我上次不幸遇难，那一切也就不复存在；如果上帝要去我的两条腿，人生也就会失去很多意义。所以我明白了不要把人生的目标定得太高，比起健康地活着，一切都显得微不足道。”

一次意外事故让这位老板的生活态度有了极大的转变，而下面故事中的人也同样从哲人处获得了相似的顿悟。

有一个人觉得生活很沉重，便去见哲人，寻求解脱之法。哲人给他一只篓子背在背上，指着一条沙砾路说：“你每走一步就捡一块石头放进去！”那人照话做了，哲人便到路的另一端等他。

再见面时哲人问：“有什么感觉？”那人说：“觉得越来越沉重。”哲人说：“这也是你为什么感觉生活越来越累的道理。当我们来到这个世界，每个人都背着一只空篓子，我们每走一步都要从路上捡一样东西放进去，倘若不知剔除那些累赘无用的东西，难免会产生越走越累的感觉，有时还会被拖垮，甚至被累死。”

人生如酿酒，“减”去无味的水，量虽小了，味反而更醇厚了。人生的减法哲学就是减去疲惫、减去烦恼、减弱沉重，减去一些奢侈的欲望，减去没价值的身外之物。减少了一次奢靡淫逸，就增加了一份生活的安宁；减少了一次诽谤嫉妒，就增加了一份与人的宽容；减少了一次应酬周旋，就增加了一份家人的亲情；减少了一次献媚邀宠，就增加了一份人格的轻松。

在人生的选择题面前，我们也应该学会做减法，剔除那些不适合我们的一切！年少时，我们能力不足、智力不逮，我们会自觉舍弃那些心有余而力不能及的目标。事业有成时做减法，更考验一个人的悟性、耐心和定力。做减法，也是在做加法，减去了那些不切实的、不恰当的人生计划，必定还我们一个更加充实、更为和谐、更有尊严的人生！

|02| 生活需要取舍，着力于重要的事

人生之旅，不可能踏遍所有山水江河，有所取舍，才能让生命之旅不潦草而行。

在日常生活中，我们常常可以看到生活状态迥然不同的两种人：一种人是每天风风火火，又忙家务又忙孩子，还要应付工作，应酬于亲朋好友之间的交际，同时惦记着股市行情，盘算寻找第二职业等等，他们的生活看似充实，实则忙乱不堪；而另一种人则截然相反，他们看起来不慌不忙，却工作高效，将家庭和事业平衡得很好，并给人一种有条理、有自信、轻松愉悦的感觉。这其中的差别就在于是否懂得取舍。

圣路易斯州的雪莉·米歇尔斯在一天早晨突然发现自

己起得越来越早，睡得越来越晚，却仅能满足日常的生活需求。无论是作为一名妻子、一位母亲，还是一位眼科技师她都已尽了职责，但她却没有时间做最重要的事情。

她和丈夫维克开始想办法简化他们的生活。雪莉说："我们得决定什么是生活中真正重要的。"他们知道自己想拥有更多的时间和3岁的儿子瑞安在一起，做做游戏和运动，以培养他们之间的感情。

因此，这对夫妻选择了一种更简单的生活方式，只买生活的必需品，从事一些花钱不多的消遣，如阅读、烹调、逛公园等。雪莉辞掉了原来的全职工作，开始做半天工作，比如为私人购物、付款、组织聚会、做国际互联网研究方面的事情——做客户所要求做的一切。同时，她在她的商业名片上印上"听候您的吩咐——给您自己留点时间"。

她说："我仍然在努力工作，但现在能够自己控制时间就使一切变得大不一样了。我能抽出一些时间领儿子去动物园或和他一起玩玩篮球。我因压力造成的头痛消失了。有机会去熟识邻居，不仅给生活带来了乐趣，还使我的生活变得更加简单化。"

人的能力和精力都是有限的，想要兼顾所有或者把人生的一切乐趣享尽，那怎么可能？力量过于分散，肯定大事难成。人是不可以过分贪婪的。想要生活有序，就要争取你最想争取的，舍弃于你而言次要或无关紧要的，做到取舍有度。

为此，首先你需要明确生活的方向与目标，不可漫无目的、毫无章法地乱忙一气；其次，你需要清醒地认识到人生最本质的、最重要的东西，并依据其安排生活和工作的内容，跟随目标的变化及时做出调整。

“取”是一种本事，“舍”是一门哲学。没有能力的人取不足；没有通悟的人舍不得。只有先取，才有后舍。取多了之后，常得舍弃，才能再取。取其所必需，取其所当有；舍其不必有，舍其不当有。如此，生命才会在“详和”中度过。

|03| 回归平淡生活，享受人生真滋味

如今，人们都追求真真实实地做人，踏踏实实地做事，平平淡淡的生活境界，回归平淡也成了一种时尚。

人的一生是崎岖不平的，总会遇到高山险川，那是你铲除障碍，施展才华的时刻。但这种时刻实际是极少数的，人的一生大部分时间是在平淡中度过的。在这平淡中有着深情，有着实实在在的幸福。我们要做的是在平淡的生活中提高自身的修养和生活的质量，浇灌和品味柴米油盐的平淡日子，给平淡的生活增添一份恬静和诗情画意的温馨与浪漫。

陶渊明是中国古代著名的文学家，他因诗文出名，更因远离官场是非地，享受人生真滋味而为人熟知。

陶渊明生活的时代正处于朝代更迭时期，社会动荡，人民生活非常困苦。公元405年秋天，陶渊明为了养家糊口，来到离家乡不远的彭泽当县令。这年冬天，上司派来一名官员来视察，这位官员是一个粗俗而又傲慢的人，他一到彭泽县的地界，就派人叫县令前来拜见。

陶渊明得到消息，虽然心里对这种假借上司名义发号施令的人很瞧不起，但也只得马上动身。不料他的秘书拦住说："参见这位官员要十分注意小节，衣服要穿得整齐，态度要谦恭，不然他会在顶头上司面前说你的坏话。"

名利的烦扰让一向正直清高的陶渊明再也忍不住了，他长叹一声说："我宁肯饿死，也不能因为五斗米的官饷向这样差劲的人折腰。"他马上写了一封辞职信，离开了只做了八十多天的县令职位，从此再也没有做过官。

从官场退隐后的陶渊明，选择了一种淡泊的生活方式。他在自己的家乡开荒种田，过起了自给自足的田园生活。在这之中，他找到了自己的归宿，写下了许多优美的田园诗歌。

他写农家人生活的悠然自得："暧暧远人村，依依墟里烟”，他写自己的劳动感受:“采菊东篱下，悠然见南山”，他也写农人劳作的甘苦:“种豆南山下，草盛豆苗稀”“不言春作苦，常恐负所怀”。他把桑、麻、鸡、狗等平凡事物写入诗中，无不生趣盎然；他描写大自然的亲切，常常能激起人们的无限向往。除诗之外，他还给后人留下不少精美的散文，其中最著名的有《桃花源诗并记》等。官场中少了一位官僚，文坛上却多了一位文学家。

陶渊明为了让自己的人生更为丰满，“不为五斗米折腰”，不为名利牵绊，成为中国知识分子刚直不阿、不趋炎附势的写照，给后人留下了淡泊处世的极佳范例。无独有偶，当代学者钱锺书也是这样一个终身淡泊名利，乐于平淡生活的人。

当时，钱锺书谢绝所有新闻媒体的采访，中央电视台《东方之子》栏目的记者曾千方百计想冲破他的防线，最后还是不无遗憾地对全国观众宣告：钱锺书先生坚决不接受采访，我们只能尊重他的意见。

19 世纪 80 年代，美国著名的普林斯顿大学特邀钱锺书去讲学，每周只需钱锺书讲 40 分钟课，一共只讲 12 次，酬金 16 万美元。食宿全包，可带夫人同往。待遇如此丰厚，可是钱锺书却拒绝了。

他的著名小说《围城》发表以后，不仅在国内引起轰动，而且在国外反响也很大。新闻和文学界有很多人想一睹他的风采，但都遭他婉拒。有一位英国女士打电话来说她读了《围城》非常想见他，钱锺书再三婉拒，她仍然执意要见。钱锺书幽默地对她说：“如果你吃了个鸡蛋觉得不错，何必要一定认识那只下蛋的母鸡呢？”

平淡是一种生活状态。许多人在大多数的时间里都是处在这种状态下的。工人去车间里干活，农民去田地里干活，老师在课堂上教书，文员在电脑前工作，这就是生活的常态。坦诚接受平淡的现实，尽情地享受这份难得的平淡时光，将是人生一大幸事。做个简单、平和的人也是一种幸福。

|04| 真正会生活的人，懂得为生命留白

很多人认为忙才是生活的主题。殊不知，真正懂生活的人不应该把自己的生活填得太满，而是要多给自己留些空间。

书法有一种技巧叫飞白，国画有一种讲究叫留白。飞白也好，留白也罢，说白了就是要恰如其分地留出空间。

从事建筑业的人都知道，在建筑物与建筑物之间，必须要留出空地或通道，否则，再精美的建筑，消费者也会望而却步。外行人会觉得将地板拼得无缝才是既整齐又美观，其实不然，木工师傅在铺设地板时往往特地在木板间留一条缝隙，因为木板有热胀冷缩的特点，这缝隙是非留不可的。

“留白”不仅仅是实用的生活技巧，更应该成为生命的境界。当我们为养亲育幼、事业功利等许多无可回避的事奔走劳碌的同时，要为自己保留一份空白时间，让繁杂的心灵得以净化，疲惫的身体得以休憩。生活不可填得满满当当的，倘若真成那样，那么人生将承受不可名状的重负和痛苦。

有一个人很恐惧死亡。

他想到：人总是在往前跑的时候突然死亡，例如飞机失事、车祸丧生。所有的动物也都是在逃命的时候被捕杀的，从来没有动物是在后退时丧生。由此，他得到一个重要的结论：要避免被死亡追上的唯一方法，就是比死亡走得更快。

于是，他每天行色匆忙，不论是吃饭、工作或走路，都比从前快三倍。

有一天，当他匆匆忙忙赶路时，突然被一个白胡子老人叫住。

老人问他说:“你如此匆忙，是在追赶什么呢?”

他说:“我不是在追赶，我是在逃开呀!”

“逃开什么呢?”老人问。

“逃开死亡!”

老人说:“你怎么知道死亡是在后面呢?”

他说:“因为所有的动物都是在往前逃命时被死亡追上的。”

老人说:“你错了!死亡不是从起点处追赶，而是在终点处等候的。不论你跑快或跑慢，都会抵达终点。”

“你怎么知道?”

“因为我就是死神呀!”老人说。

那个人大惊失色地说:“你今晚出现，莫非是我的死期到了?”

死神说:“不!你不用害怕，你的死期还没有到，只是你一直跑得太快，我的兄弟活着一直向我抱怨，说赶不上你，如果你不和他会合，和死亡又有什么两样呢?他特别请我通知你慢一些呀!”

“我要如何才能和活着会合呢?”

死神说：“首先，你要站着不动，把心静下来，然后你要环顾四周，用心体会，用爱感觉，用所有力量来品味，活着就会赶上你了。”

当他把心静下来的时候，死神说：“你回头看看，我的兄弟来了。”他一回头，死神不见了，取而代之的是原来不曾看见的美丽街景。

没有精力让身心放松，没有闲暇时间思考，让承载生命的机体处于永动的状态。这样只能缩短生命旅程，使本可以为社会多做贡献的躯体提前衰老，使原本充满生机动力的生命机器因过度损耗而处于瘫痪状态。

生活并不只是追赶财富、权力和容貌，更重要的是去感受生活的真谛和周围人相处的真情。不要太忙碌，不要把自己装得太满，放慢你的脚步，珍惜周围的人和事物，你才能发现值得留恋的风景。

第三章 有底线地追求想要的一切

有底线的人生才是人生。拥有底线，才不会轻易改变自己做人的原则，反之，失去底线会让人随着环境而左右摇摆。当一个人不再向底线妥协，生活的方向便不会偏离。

|01| 洁身自好，选择无愧良心的事业

有的歪门生意尽管获利颇多，却会把人引入歧途。一个人在社会上生存，要想洁身自好，首先要选择一份能够让自己洁身自好的基业。

如果不能堂堂正正赚钱，赚来的钱也是不长久的。歪门生意看起来利益来得快，但来得快去得也快，一旦某个环节失灵，失去它所依赖的特定环境和渠道，赚来的钱必将被快速蒸发，最终还是回到起点，一无所获。

歪门生意总是见不得阳光的，就像俗话所说的那样：经常走夜路，总要碰到鬼。歪门生意所承担的风险远比一般生意大得多。更重要的是，人一旦尝到歪门生意的甜头，就不愿意再下“笨功夫”，把心思放在踏踏实实的经营管理上了。而歪门生意终究不是长久之计，从长远来看，真正想成大器者，还是正正经经做人，堂堂正正赚钱好。

《韩非子》中记述了这样一则故事。

鲁国人公仪休很喜欢吃鱼，当了鲁国的相国后，很多人送鱼给他，他都一一婉言谢绝了。他的学生问他：“先生，你这么喜欢吃鱼，别人把鱼送上门来，为何又不要了呢？”他回答说：“正因为我爱吃鱼，才不能随便收下别人送的鱼。如果我经常收受别人送的鱼，就会背上徇私受贿之罪，说不定哪一天会免去我相国的职务，到那时，我这个喜欢吃鱼的人就不能常常有鱼吃了。现在我廉洁奉公，不接受别人的贿赂，鲁君就不会随随便便地免掉我相国的职务，只要不免掉我的职务，就常常有鱼吃了。”

公仪休不接受别人的鱼，是因为他有自己的立身原则，他不会为了蝇头小利，铤而走险而沦为别人的奴隶，他的所为是符合其良心的。

想要成功的人生，就要选择一份洁身自好的基业，无愧良心。关于良心，从古至今有诸多说法，“问心无愧”“以至诚为道，以至仁为德”“良心者，本然之善心。即所谓仁义之心也”。良心就是被现实社会普遍认可并被自己所认同的行为规范和价值标准；良心是道德情感的基本形式，是个人自律的突出体现；良心就是“对得起自己，对得起别人”等。这些都是人们对良心的不同认识和理解。

职业无高低贵贱之分，却有有无良心之别。一个官员，善解民意，在自己的职权范围内，尽力服务民众，帮助民众，父老乡亲认可他的人品与格局，不会骂他忘本，他自己也对得起良心，他从事的就是有良心的事业。那些在风雨中修路建桥的工人，看着一条条道路畅通无阻，人们穿梭其间，他们的劳动为他人带来了便利，他们的事业就是有良心的事业。每日必须早起，在人们上班之前已经清扫完街道的环卫者，尽管收入微薄，但却为大众带来舒心的环境，他们的事业也是有良心的事业。还有那些不讲回报只讲付出的义工，那些在非政府机构中工作的有志之士，他们从事的事业，也都是有良心的事业。这些人都值得人们尊重。

相反，一个人几经拼搏，尽管成就令人瞩目，但如果他的成功本身是沾满污点的，也不会被人真正敬仰。做没有良心的事遭人唾弃，做没有良心的“事业”更为人所不齿。当做事业的人丧失良心和仁义，失去尊严与自重，不管以前“事业”多么荣耀和光彩，一旦人们想起那些无良的作为，他们的“事业”注定功亏一篑。

“世上之所以有道德生活，最终要归因于良心”。我们阻挡不了别人的选择，但能够让自己做有利于个人发展、给他人带来益处并饱含良心的事业。只有做有良心的事业，我们才能安然面对踏实的、真实的人生。

|02| 取本分之财，戒无名之酒，无功不受禄

“取本分之财，戒无名之酒。”这是唐太宗李世民《百字箴言》中的一句话。他以此告诫各级官员要做到无功不受禄，不贪不占。

船因超载而沉没，人因诱惑入歧途。精彩世界，诱惑多多。在五光十色的“香饵”面前，如果让非分之财占了主导地位，就会因抵挡不住金钱的诱惑而巧取豪夺，抵挡不住权力的诱惑而卖官鬻爵，抵挡不住名利的诱惑而沽名钓誉，抵挡不住奉承的诱惑而忘乎所以……诱惑犹如污浊暗流蔓延施虐，冲击、腐蚀着人的灵魂。它的影响力之所以能如此之大，正是由于人们习惯对非分之财的过度渴求。只有摒除非分之想，你才能在诱惑面前眼不红、心不乱、腰不弯，经得住考验，顶得住歪风。

《左传·襄公十五年》中记载了一则距今两千五百多年的故事，大意说：春秋时宋国有人得到一块珍贵的美玉，要献给大臣子罕，子罕婉言谢绝。献玉人说："这玉曾请玉匠师父看过，他认为是个宝物，所以献给您。"子罕说："我以不贪为宝，你把美玉视为宝物，那还不如你我各自持有自己的宝物为好。"

古代先贤认为，人只要有一念之私，必有非分越礼之嫌，他们就很可能由刚毅变得软弱，由聪明变为糊涂，由慈善变得残忍，由纯洁变为污浊，由此毁了一生的品格。所以古人把不贪婪当作修身之宝。

有一名贪官在走向刑场时说了一段忏悔之言："一个对不义之财伸过手的人，不仅仅是丢弃了修身之宝，简直就是一台失去刹闸的汽车，在坡路上急速下滑，十有八九，不是撞到悬崖上粉身碎骨，就是滑向万丈深渊死无葬身之地。"

有人断言，古今中外的贪官无一例外，一旦他们收了贿赂，大多变成了任由行贿者摆布的可怜虫。不论为官为民，人格品行的修养是终生大事，凡优秀的人品，都要经过各种环境的考验与磨炼，才能修成正果。贪婪是万恶之源，不论一个人品质德性多么优秀，只要他有了贪私的念头，对不义之财伸过手，终将会变得昏聩，正直刚毅之气荡然无存。

|03| 投机取巧是一种短视行为

现代生活越来越快的节奏与越来越大的压力，让越来越多的人想快速成功。为此，一些人贪图一时之快，投机取巧，甚至铤而走险……然而无数的事实告诉我们，一时之快背后往往躲藏着更大的危险和痛苦。

无所事事会令人退化，投机取巧会使人堕落，只有勤奋踏实地工作才能给人带来真正的幸福和乐趣。生活中的各种实例生动证明了这样一个道理：事情无论大小，如果你试图投机取巧，也许在表面上会节省一些精力和时间，但是从长远来看，你损失的会更多，你将花费更多的时间、精力以及财力弥补其中的漏洞。

河附近有一只做小本生意的驴子，专门卖盐和海绵。

一天，一头老黄牛听别人说驴子在做生意，而且生意做得很红火。它想买点东西，但是，由于老黄牛的腿脚不方便，不能走远路，它便问驴子："你们这里有没有送货服务？""当然有喽，您要些什么？"驴子问。

"我要些盐。"老黄牛回答道。

"可以，下午一定送到！"驴子热情地说。

下午，驴子拿好盐，出发去老黄牛家。途径一条小河时，驴子脚下一滑，不慎跌倒了，等它再站起来时，突然觉得盐轻了许多，驴子开心地说："真是天下奇事，盐变轻了！"它轻松地来到了老黄牛家，对老黄牛说："黄牛大伯，您要的盐来了！""快让我看看。行，这是盐的钱，哦，对了，看你那么辛苦，再给你一些赏钱。拿好，再见啊！"驴子高兴地想："太棒了，以后再滑下水，既可以省力，又可以拿到赏，真是一举两得！"

又一次，老黄牛请驴子送海绵。驴子想起了上次驮盐尝到的甜头，这次还想试试。然而，当它故意滑下水后却发现海绵变得越来越重，最后这只驴子再也没能上岸，它被浸了水的海绵压死了。

《老子》中说:“大智若愚，大巧若拙，大音希声，大象无形。”老子认为真正的“巧”不在于违背事物发展规律地卖弄自己的聪明，而在于处处顺应事物发展规律，在这种顺应中，让自己的目的自然而然地实现。而那些投机取巧的行为，从根本上说，就是违背了事物发展规律，结果往往弄巧成拙，事与愿违。

2009年初秋，87岁高龄的诺贝尔奖物理学奖得主杨振宁在重庆八中做了一场精彩演讲。演讲结束之后，杨振宁应邀为中学生题词，提笔在纸上写下四个大字:“宁拙毋巧。”杨振宁说:“我今天之所以写这几个字，就是希望从你们年轻一代开始，学会诚实。投机取巧是没有前途的，做学问必须诚实，脚踏实地，才会成功。”

宁拙毋巧，这个“拙”，不是笨拙的拙，而是指踏踏实实，一步一个脚印，用汗水去换成果，走正途去求成功;这个“巧”，也不是巧夺天工，而是投机取巧的巧，是指歪门邪道、弄虚作假、偷工减料。投机取巧者，确有侥幸取得成功的，但靠投机取巧出大成就、干大事业的，古今中外从未耳闻，诚如鲁迅先生所言：“捣鬼有术，也有效，然而有限，所以以此成大事者，古来无有。”即使聪明过人的杨振宁，当初靠的也是笨功夫，连续几个星期，每天十几个小时泡在实验室里，对他来说就是家常便饭。正是年复一年的努力，夜以继日地苦干，才使他最终脱颖而出，与李政道一起获得了诺贝尔物理学奖的殊荣。因而，“宁拙毋巧”，既是他的成功之道，也是他的经验之谈。

搞学术如此，做其他工作也是如此。那些经久不衰的企业品牌，虽然也巧做广告宣传自己，但更是靠质量、信誉取胜，靠良好的售后服务取胜，其主要精力还是放在了这些必不可少的笨功夫上。而靠虚假广告骗人，靠假冒伪劣产品欺世的商家，是无法长久的，他们就输在一个投机取巧的“巧”字上了。

|04| 纵使无人喝彩，也要坚守自己的人生

坚守住人生，纵使一个人行于漫漫长路，也不会寂寞孤独；纵使身在人潮人海中，也不会迷失自我和前进的方向。

人很容易被各种因素所左右，被环境所影响。特别是在当今物质欲望种类繁多，人更容易受到诱惑。这时，我们更要学会坚守，就算无人为我们喝彩，我们也要坚守住自己的人生。

坚守意味着不动摇，不要风一来自己就被吹倒了，失去了自己独立的个性和品格，失去了自己的思考。坚守不是暂时的，而是长期的，甚至是一生要做的事。

曼恩作为佛得角雷斯伊翰湾的守塔人，在这个偏僻的孤岛上已生活了将近40年。当他还是二十多岁的小伙子时，就随捕鱼的伯父来到了这座孤岛。

曼恩和伯父白天捕鱼，晚上点起篝火，从此，辽阔的大西洋岸边多了一座灯塔。曼恩已记不清楚他和伯父在暴雨的夜里或是在飓风季节里救起了多少人。那些被救起的人偶尔路过孤岛，总不忘给曼恩叔侄俩捎去礼物，但每次都被他们拒绝。叔侄俩在雷斯伊翰湾不知不觉生活了20年。现在的雷斯伊翰湾少了一个人，多了一座坟墓，在曼恩看来，伯父仍陪伴着他。曼恩依旧白天捕鱼，晚上守候在伯父一生中唯一接受的一台风力发电机旁。雷斯伊翰湾的灯塔不再用篝火了。

10月的雷斯伊翰湾气候格外异常，曼恩整夜几乎都醒着。他知道，每年海难事故频发的季节已经来临。他的小屋外惊涛骇浪疯狂地拍打着海岸，他一遍遍检查，给风力发电机的轴承还加了润滑油。此时的小岛像要摇动起来似的。他从小屋里走出去，像伯父一样敏锐地眺望大海。海面上黑压压一片，浪头拍打着礁石，发出一声声巨响。

突然，他发现远处的海面上有一点亮光，犹如萤火虫的光亮那样大。他立刻意识到什么，迅速爬上灯塔，将灯塔里的灯又垫高了很多，并在废弃的火坑里重又点燃了篝火。远处的亮点越来越大，渐渐驶向了曼恩居住的孤岛，等亮点到近处时，曼恩才发现灯火是从一艘挪威籍的货轮上发出的。

天亮了，船长约翰带领船员在雷斯伊翰湾作短暂的停留，并打算给岛上的工作人员送去食品。可当船长走进曼恩的屋子时，才发现曼恩的屋子还抵不上他船上的一个集装箱大。

“我要带你离开这里。”船长心情复杂地对曼恩说。

“为什么？”曼恩问。

“不为什么，我至少能给你每月带来2500美元的薪金。”船长继续说。

“十年前，一位像你一样的船长曾答应给我每月3000美元的薪金。”曼恩平静地说。

临别时刻，船长紧紧拥抱了曼恩。

守在偏僻的孤岛上，长年累月几乎看不见什么人，只有海浪做伴；而且一待就是近 40 年。40 年，1 万余个日日夜夜，曼恩坚持了下来，而且工作得一丝不苟。守塔人不仅点燃了灯塔上的火炬，还点燃了自己内心的火炬，而他甘于寂寞的精神也如一座不熄的灯塔，燃烧了 40 年。

坚守人生，孤独与寂寞是不可回避的；选择坚守就要耐得住寂寞，忍受得了孤独，不经历孤独和寂寞的磨炼，坚守无法恒久。很多时候，坚守是一个人的战役，没有对手，也没有陪伴者，我们唯有秉持内心的信念，才能抵达理想的终点。

第二篇 心态归零

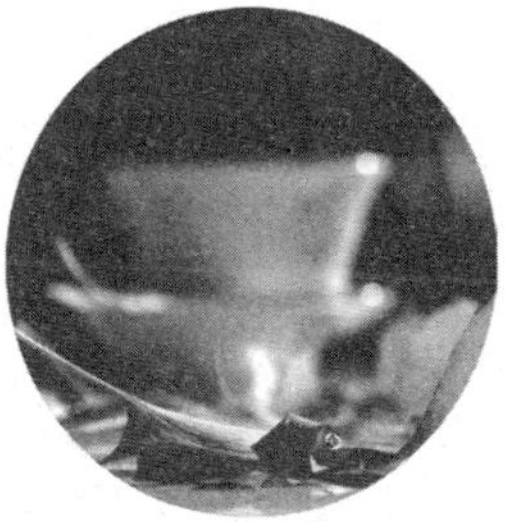

静下心来，找回迷失的自己

第四章 别急着成功，也别急着失望

现代社会的浮躁之处在于人人都在迫切地追求成功，“速成”成为每个人追求的目标。急速往往让人浮躁，让成功的含量变得不再纯粹。慢慢来，反而比较快，当你对成功不再那么迫切，不再那么急躁，那么即使世界再喧嚣，你也能内心平和。

|01| 浮躁是一种不可取的生活态度

在一些人的心灵深处，总有那么一股力量使他们茫然不安、无法宁静，这股力量就是浮躁。浮躁不仅是各种心理疾病的根源，也是人生最大的敌人。

当今社会，经济高速发展，物质水平不断提高，不少人也随之少了耐心，多了急躁；少了冷静，多了盲目；少了脚踏实地，多了急于求成……在市场经济的大背景下，人们似乎无法按捺住自己躁动的心，变得越发浮躁和一定程度的急功近利。

浮躁的人常有如下表现：不论干什么工作，兴头来了马上动手，既没认真准备，又无周密计划，开始时就急于见成效，遇到困难时更是烦躁易怒；等候消息时又格外急切，坐立不安；处理矛盾和问题时，易鲁莽和冲动。在学习上则表现为好高骛远，想把成绩搞好，但又缺乏扎实的努力，特别是经过努力以后成效不大时，愈发耐不住性子，结果形成越上不去越急、越急越上不去的恶性循环。

浮躁与对问题的认识有关，当认识到问题很紧迫很重要时，往往会产生浮躁心理。浮躁会使人心神不安，甚至会出现情绪紊乱的状态。浮躁的人容易灰心：一个人在急于求成的情绪支配下，往往操之过急，事情遭遇瓶颈时，又不能冷静地分析原因，这些都对完美结果的产生有很大影响，时间长了，就会使人丧失对自己的信心。浮躁的人易怒：浮躁降低了对错误的容忍度，稍有不如意便会大动肝火，有时甚至做出伤害自己或他人的行为。所以，浮躁是一种不良情绪，一种并不可取的生活态度。

古时候有一对充满孝心的兄弟，他们每日上山砍柴，换钱为老母亲治病。

一位神仙为他们的孝心所感动，决定帮助他们。于是告诉他们说，用四月的小麦、八月的高粱、九月的稻、十月的豆、腊月的雪，放在千年泥做成的大缸内密封七七四十九天，待鸡叫三遍后取出，汁水可卖上大价钱。

兄弟两人各按神仙教的办法做了一缸。待到四十九天鸡叫两遍时，老大耐不住性子打开缸，一看里面是又臭又酸的水，便生气地把它们洒在地上。老二则坚持到了鸡叫三遍后才揭开缸盖，发现里边是又香又醇的酒。

这就是“酒”和“洒”字的来历。只是差了那么一小横，只是早了那么一小会儿，结果却大不同。而成功与失败，平凡与伟大，有时就在等待的一念之间。许多成功人士的重要秘诀就在于他们将全部的精力和心力放在一个目标上，而且充满耐心。

记得于光远老先生曾提到，他特别欣赏《道德经》中的一句话："多闻数穷，不若守于中。"意思是说，人的心灵要保持清净，而不要旁骛太多，没了章法和智慧。因为人一忙就容易乱，头脑不清醒；人一忙也容易烦，心情不能平和；人一忙就容易肤浅，不能研究问题，不能冷静认真地思考；人一忙就容易只顾眼前，不能高瞻远瞩。梁实秋也说，为迫切完成某事而心浮气躁，就容易导致言行过分，这不仅有碍于人际关系，容易语出伤人，更容易分散心智，影响做事的效率或是错过眼前的良机。这都是在警示世人心浮气躁之害处。所以，假如你觉得自己做事有了浮躁之气，就要立即加以改变。在实际生活中，我们可以从以下三个方面入手：

第一，在实践中锻炼耐心。耐心都是锻炼出来的，缺乏耐心也就等于自动丢掉了成功的机会。在生活中多多锻炼自己的耐心，做每一件事时都要学会安下心来，不要总是想着结果如何，要把精力放在如何做好这件事上。

第二，遇到急事先冷静。焦急的情绪并不能帮你解决任何问题，只有缜密思考才行，思考一下如何做才能最大限度地降低损失，怎样处理才能较合理地解燃眉之急，然后马上去行动。

第三，学会循序渐进地做事。凡事不可贪大，成功要一步一步来，做事前首先要安下心来，为自己树立起框架，然后从微小的部分做起，循序渐进，逐渐完成。

有些时候，我们需要在心中添把火，燃起某些希望；有些时候，我们又需要在心中洒点水，浇灭某些浮躁的欲望……只要我们能够克制己躁、专注于心，认真地去学习、工作，我们做的会比现在好得多。

|02| 人生会遇到无数难事，从容是第一法则

如果你能从容处事，沉着地面对人生的风风雨雨，那么，自在逍遥的人生便不再只是你的梦，而是你正在经历的人生。

不必问其究竟。哲人说，从容是一种聪明的糊涂。万事万物都有自己的存在状态，不必问其究竟。风有风的轻柔，雨有雨的润泽，雪有雪的悠然，冰有冰的晶莹；春有春的生机，夏有夏的炽热，秋有秋的丰实，冬有冬的冷峻。面对宇宙的浩瀚，星空的无限，万物的纷杂，我们不必事事弄清楚，以从容的心态接纳，便能摆脱那些自寻的烦恼，善待自己，善待人生。

从容不是故作姿态的镇定，不是矫情刻意的悠然，不

是为表现而表现。真正的从容是处变不惊、临危不乱的自如应变，是因内心镇静而能沉着地面对人生种种。从容看似简单，其实是人的底蕴和层次的自然流露。没有文化的积累、情操的熏陶、修养的升华，就没有一个自然的你、优雅的你、张弛有度的你，从容也就无法谈起。

与从容结缘的是理性。从容反映出你对进与退、拥有与放弃的理解与把握。一个从容的人，不会没有困难，但他不会困窘；不会没有危急，但他不会急躁。学会用从容的步履走漫漫人生路，总有春风拂面，总会一身轻松。

李未是一位成功的职场人士。当他的同龄人还在为养家糊口苦苦挣扎时，他已顺利完成了由普通白领到高级白领的过渡。而最让人羡慕的是，他并没有因此而牺牲自己的健康和爱好。

有人询问他秘诀，李未说，其实挺简单，换来这份从容的，也就是半小时。

李未说他刚参加工作时，和许多人一样，总觉得手头的事情做不完，业余爱好也丢了，人疲乏得要命，到头来还没落得个好效果。后来有一天，做了一辈子管理工作的父亲对他说：“你能不能试一试，每天早出门半个小时？”他看了父亲一眼，对父亲的话并未十分理解，但他决定试一试。

从第二天起，他开始比正常时间早半个小时出门。当他走到公共汽车站时，发现等车的人不多，到车上，又发现有许多空位，比平时惬意多了。而且，由于还没到上班高峰期，路上的交通也没出现堵塞，很快就到了目的地。坐在车上时，他把一天的工作理了个头绪。进到办公室后，同事们还没来，他在空旷的办公室里伸展了一下手脚，听了一段音乐。

当同事们匆匆忙忙地打卡、手忙脚乱地开抽屉时，他的面前已放好了需要整理的材料，并泡好了一杯热茶。接下来的工作是有条不紊的。往往不到午休时间，他上午的工作就提前完成了。那么在剩下的时间里，他会憧憬一下午餐的丰富内容，并考虑午休时是和男同事们一起打打球呢，还是陪女同事去逛逛楼下商店——这些想法的确都让人愉快。

悠闲的午休结束后，下午的工作又开始了。由于早上在车上已有打算，头绪清楚，下午的工作又很顺手。下班铃声响之前，他把一天的工作小结了一下，看看有没有遗漏的或不周到的地方。如果有就赶快弥补，绝不拖到下班后，占用属于自己的休闲时间。这样，到下班时，一些人还在手忙脚乱地忙活，另一些人在疲惫不堪地打着哈欠时，他还是那样的神清气爽。

故事中的主人公用良好的习惯为自己带来了从容的工作状态，除此之外，我们还可以从心态上加以调整，比如把一切苦与悲看成顺其自然的常态：因为“悲欢离合”，才有了“天长地久”；因为“落残雨寒”，才有了“人间温暖”；因为“酸甜苦辣”，才有了“丰富人生”。讥讽、指责、嫉妒、关心、微笑、帮助，无论好的坏的都以良好的心态去面对，安静地感受，从容地接纳和筛选，这样我们才会在人生的旅途中不局促、不慌忙。

|03| 努力活在当下，才能有最好的未来

人要活得有效就要活在当下，只有当下才是实现梦想的平台。

著名的棒球手康尼·马克谈过他对于输球的烦恼：“过去我常常这样做，为输球而烦恼不已，现在我已经不干这种傻事了。既然已经成为过去，何必沉浸在痛苦的深渊里呢？流入河中的水，是不能被取回来的。”不为昨天买单，就是说不要同自己的过去较劲。一旦有过错，我们就陷入无尽的自责、哀怨、痛悔之中，那我们将永远活在昨天。

在美国纽约市的一所中学里，某班的多数学生常常为学习成绩不理想而感到忧虑和不安，以致影响了下一阶段的学习。

一天，保罗博士在实验室给他们上课，他先把一瓶牛奶放在桌子上，沉默不语。

同学们不明白这瓶牛奶和这节课有什么关系，只见他忽然站了起来，一巴掌把那瓶牛奶打翻在水槽中，然后叫所有同学围到水槽前仔细看那破碎的瓶子和淌在地上的牛奶。

博士一字一句地说："我希望你们永远记住这个道理：牛奶已经淌完了，不论你怎样后悔和抱怨，都没有办法取回一滴。不要为打翻的牛奶哭泣，我们现在所能做到的，就是把它忘记，然后集中注意力在下一件事上！"

一个人如果不活在当下，就会失去当下，进而失去现在所有的欢乐、幸福以及实现梦想的机会。对于过去犯下的错误，懊悔毫无用处，只能带来更大的痛苦。如果摔倒了，我们唯一该做的就是爬起来，拍拍身上的尘土，重新走上人生的旅途。

一位哲人说得好：即使不幸注定要在明天来临，你也没有必要今天就为它付出代价。明天是个未知数，我们每个人都只能活在当下，快乐在当下，工作在当下。其实，每个人的未来都取决于今天的努力，你在今天预留了怎样的伏笔，未来就会出现怎样的图景。与其担忧未来，不如过好当下的每一刻，让你的未来有所蓄积。

客厅中有一个巨大的挂钟滴答滴答地响着。一天夜里突然传来一阵啜泣声，客厅的家具们到处寻找声音的来源，发现是秒针在啜泣。

秒针哭着说："我好命苦啊！每当我跑一圈时，长针才走一步，我跑60圈时短针才走5步。一天我需要跑1440圈，一星期有7天，一个月有30天，一年有365天……我如此瘦弱，却要分分秒秒不停地跑下去，我怎么跑得动呢？我办不到！"

旁边的台灯安慰它说："不要去想还没来到的事情，你只须按本分一步一步地往前走，就能走得轻松愉快。"

加拿大著名的医学家奥斯勒教授享年70岁。他的生活秘诀是经常说"今天最好"。生活是由昨天、今天和明天组成的。对于昨天，奥斯勒教授的态度是：我们应该把死亡的昨天彻底埋葬，何苦让昨天的烦恼来干扰我们的生活呢？对于明天，奥斯勒教授说：不要为明天忧虑，不要为还没发生的事情忧虑。对于今天，他满怀深情地说：今天，只有今天，才是真真切切的生活。我们绝不能把对昨天和明天的忧虑放在今天，来破坏今天宁静的生活。“今天最好”是使人永远年轻的真谛！

生命是由一系列的“现在”构成的，要利用生命赋予我们的一切资源，而不是等待它们。发掘一切可以利用的可能，拥抱当下，享受当下，让自己无愧于当下的每一天，这才是抵达未来最好的方式。

第五章 身处顺境去发现阴影，身处逆境去寻找光亮

易卜生说：“不因幸运而故步自封，不因厄运而一蹶不振。真正的强者，善于从顺境中找到阴影，从逆境中找到光亮，时时校准自己前进的目标。”然而，很多人却恰恰相反，认为顺境便是大喜，可以沉溺；逆境便是绝境，只能无望。其实，人生有无数境遇，回首便能发现，当下不过是人生的一小部分，清空对当下境遇的偏执，才能更进一步。

|01| 人生的境遇从来都不是绝对的

有“乐极生悲”，也有“柳暗花明”，人生的境遇往往都不是绝对的。当一个人高兴过了头，可能便会迎来祸事；当一个人伤心绝望至极时，下一个路口或许就会发现转机。

人生中的悲欢苦乐，不是绝对的，是相对的。有的苦尽甜来，有的乐极生悲，有的在顺利时突遭祸患，有的则身处逆境而时来运转。

2003年是罗杰斯的幸运年，她买了一张全国大乐透彩票，结果中了巨额奖金。

中奖后的她真的“乐透”了，开始疯狂消费，买名车、穿时装、开舞会，极尽奢华。中奖不久，她便结了婚，还生下两个孩子。但乐极生悲，她后来花了25万英镑购买可卡因，染上毒瘾，并患上抑郁症。由于精神上的问题，她失去了孩子的监护权。

她曾经三度自杀，人生几乎全毁。金钱曾给她带来快乐，同时也带来了痛苦。如今，她只剩下10万英镑，却感受到前所未有的轻松。她说：“几个月前我还在吸毒，而且非常痛恨自己，根本不想活下去。如今我遇到新男友，终于变成了我渴望成为的女人。这一切，都是我几乎花光所有钱之后才发生的。”

对于未来的生活，她有新的安排。“我已跟医生预约，要治好抑郁症。我要重新整理我的人生，让我的孩子以我为荣。这是我第一次觉得我可以做到。”她希望可以完成大学学业，成为一名教授。她说：“毕竟经历了这么多，我认为我可以提供很多建议。”

古人言：福祸相依。因为福至时喜，容易忽视祸源，招致祸患；祸至时悲，反而能冷眼判断，转危为安。可见，所谓福气与祸患，不过是针对境况的一时之言。时移世易，谁又能准确预测下一刻会发生什么呢？我们能够做的，不过是把握好自己，在境遇变化时及时警醒，并跟随境遇调整自己的心态。

战国时期，齐威王是个喜欢彻夜饮酒的君王。有一年楚军进攻齐国，他连忙派淳于髡作为使节去赵国求救。淳于髡果然不辜负齐王重托，到了赵国就请来了10万大军，吓退了楚军。齐威王听闻十分高兴，立刻设宴请淳于髡喝酒庆贺。齐王问淳于髡：“先生要喝多少酒才会醉？”淳于髡一看这架势，知道齐王又要彻夜喝酒，必定要一醉方休。他想了想回答道："我喝一斗酒也醉，喝一石酒也醉。"齐王不解其意，淳于髡解释说自己在不同场合、不同情况下酒量会变化，"所以我得出一个结论，喝酒到了极点，就会酒醉而乱了礼节；人如果快乐到了极点，就可能要发生悲伤之事（此句原文即'酒极则乱，乐极则悲'）。所以，我看任何事都是一样，超过了一定限度，则会走向反面。"这一席话说得齐威王心服口服，当即痛快表示接受淳于髡的劝告，今后不再彻夜饮酒作乐，改掉了恶习。

智者言：做人做事都要有度。度的含义为限度，或者说是程度，是一切事物从量变到质变的临界点。只有在一定限度内，事物才能保持其原有的性质，超过其限度，事物的性质必然发生巨变。因而，物极必反、过犹不及是任何事物在其发展过程中都不可避免的客观现象。同一事物，适度为满，过度为缺，凡事适可而止，才能达到最佳效果。

因此，境遇面前，大悲大喜都不是最佳心态，这些极端情绪会影响人的理性思考，阻碍人作出正确判断，令人陷入危险的境地。保持心态的平衡，避免极端情绪化，如此，你在面对任何境遇时都能多一份从容。

|02| 人不可居一时之功而得意忘形

人可以得意，但绝不能忘形，因为今日的得意也许就是明日的失意，为了明天的不失意，那就丢弃今日的忘形。

得意忘形在字典上的解释是：形容浅薄的人稍稍得志，就高兴得控制不住自己。按照此解释，“得意”指得志就高兴，“忘形”则可以理解为控制不住自己。现实生活中不乏得意忘形者。一般而言，得意忘形之后的结果往往都是不好的。

人在得意的时候容易忘形，也许是人性的某种本能驱使。因为得意，人会变得飘飘然，过分高估自己，甚至迷失自我。人生最大的悲哀莫过于无法找到理应属于自己的位置，而在不该属于自己的位置上强占。

得意忘形和不忘其行有着本质的区别。这是一个关乎心理素质、经验、理念和意识的综合性问题。素质高、经验丰富、理念端正、意识清晰的人，在得意时是不会忘形而大肆张扬的，更不会忘乎所以而为所欲为。他们能够清楚地看到得意背后的不足，更能掌控得意后的轻狂。这两种表象、两种境界、两种因果，给人生铺就了两条终点不同的道路。

一个农夫的田地在一片芦苇地旁。芦苇地里常常有野兽出没，他担心自己的庄稼被野兽毁坏，就时常拿着弓箭到庄稼地和芦苇地的交界处巡视。

一天，农夫又来到田边看护庄稼。直至黄昏时分，农夫见还安全，又确实感到有些累了，就坐在芦苇地边休息。

忽然，他发现苇丛中的芦花纷纷扬起，在空中飘来飘去。他感到十分疑惑："奇怪，我并没有靠在芦苇上摇晃它，这会儿也没有一丝风，芦花怎么会飞起来呢？也许是苇丛中有野兽在活动。"

这么想着，农夫提高了警惕，站起身来一个劲儿地向苇丛中张望。过了好一会儿，他才看清原来是一只老虎，只见它蹦蹦跳跳的，时而摇摇脑袋，时而晃晃尾巴，看上去高兴得不得了。

老虎为什么这么撒欢呢？农夫想了想，它一定是捕捉到什么猎物了。它太高兴了以至于完全忘了注意周围可能会出现的危险，屡次从苇丛中跳起，将自己的身体暴露在农夫的视线里。

农夫悄悄藏好，用弓箭瞄准了老虎现身的地方，趁它又一次跃起脱离苇丛隐蔽的时候，一箭射了过去，老虎立刻发出一声凄厉的叫声，倒在苇丛里。

农夫过去一看，老虎前胸插着箭，身下还枕着一只死獐子。

很多人和捕到獐子的老虎一样，取得一点成就便被一时的胜利冲昏了头脑，以致忘乎所以，丧失了对危机的警觉。美国汽车大王福特曾说："一个人如果自以为已经有了许多成就而止步不前，那么他的失败就在眼前了。许多人一开始奋斗得十分起劲，但前途稍露光明后，便自鸣得意起来，于是失败立刻接踵而来。”石油大王洛克菲勒也说：“当我的石油事业蒸蒸日上时，每晚睡觉前总是拍拍自己的额头说：‘别让自满的意念，搅乱了你的神经。’我觉得我的一生都在进行这种自我教育，益处很多，因为经过这样的自省后，我那沾沾自喜、自鸣得意的情绪，便可平静下来了。”是的，人生处在顺境和取得成功时，最容易得意忘形，终致滋生败象，乐极生悲。越是得意越不能放松对自己的要求，而应该时时谨记谦逊。

谦逊之人，于己有自知之明，在成绩面前不居功自傲，在缺点和错误面前不文过饰非，能主动采取措施加以改正；于他人则温和有礼、尊重有加，善于倾听他人的意见和建议，能虚心求教、取长补短。

不论从事何种职业，担任何种职务，只有保持谦逊，才能不断进取。谦逊的品格能够帮助你看到差距，永不自满；可以使你冷静地倾听他人的意见和批评，谨慎从事。面对成功和荣誉时得意而不忘形，把它视为一种激励自己继续前进的力量，而不是沾沾自喜于一时之功、陷在荣誉和成功的喜悦中不能自拔，这才是成大事者应具备的品格。

|03| 逆境是毁灭还是成全，皆在于你的选择

生活里没有过不去的坎，只有不愿爬起来的人。对于那些能够跌倒再站起来的强者，逆境便是上天给予的最宝贵的财富，挫折就是人生最好的课堂。

逆境面前，人们常会无所适从或困惑不已。有的人努力奋争，百折不挠；有的人浅尝辄止，偃旗息鼓；有的人心怀恐惧，绕道行驶。

有人说："逆境是人生最好的教育。"只有经历逆境的磨难，伟大的人格才能被铸就，智能与潜力才会得到有效的激发。逆境于任何人都是不可避免的，我们行于世间都经历过苦闷、惆怅、无助，从人生的最低谷走过，才能学会坚强和勇敢，懂得思索与独立，拥有自信和勇气，获得

成长与发展。

在美国有一位穷困潦倒的年轻人，尽管身上全部的钱加起来都不够买一件像样的西服，仍全心全意地坚持着心中的梦想。他想做演员，想拍电影。

当时，好莱坞有500家电影公司，他根据事先排列好的名单顺序，带着自己写好的剧本前去一一拜访。但第一轮面试下来，500家电影公司没有一家愿意聘用他。

面对百分之百的拒绝，这位年轻人没有灰心，从最后一家被拒绝的电影公司出去之后，他又从第一家重新开始，继续他的第二轮拜访、第三轮拜访。结果都是500次的拒绝。

在接二连三的拒绝下，这位年轻人咬牙开始了他的第四次行动。当他拜访完第349家后，第350家电影公司的老板破天荒地答应他先留下剧本看一看。

几天后，年轻人获得通知，请他前去详细商谈。

在这次商谈中，这家公司决定投资开拍这部电影，并请这位年轻人担任男主角。

这部电影名叫《洛奇》，这个年轻人就是席维斯·史泰龙。

没有人生来就愿意经受苦难，但困难和逆境是不能避免的，尤其对一个有志向的人来说更是如此。所以，很多人很早就做好了心理准备，与其在困难面前束手无措，或在逆境中悲观失望，不如干脆把人生看作一种磨炼，一次战胜困难和逆境的过程。

逆境并不可怕，可怕的是不能以正确的态度面对它，在逆境中使人倒下的往往不是困难本身，而是消极悲观的态度，是缺乏战胜困难的勇气、信心和意志力。人的信念在战胜逆境的过程中起着非常积极的促进作用。心怀信念，努力去做，即便失败也不会遗憾。

米契尔因飞机失事瘫痪在床，浑身被烧得遍体鳞伤，脸部也变了形，让人看了就觉得恐怖。很多人碰到这样巨大的灾难，会心生哀怨："为什么是我？老天爷为什么这么不公平？这辈子彻底完了！活着还不如死了好……”但是，米契尔却不同，他每天都在问自己：“我怎么才能重新站起来？我康复之后怎样继续工作？我还有三分之一的身体没有被烧伤，我还有清醒睿智的大脑，这是上帝对我的恩赐，我应该怎样回报并服务社会呢？”当时，美丽动人的女护士安妮使他顿生爱意，他不顾自己的烧伤相貌和残疾，大胆地想：“我怎样才能跟安妮约会呢？我怎样向安妮表达自己的爱慕之情呢？”这个不知“天高地厚”的家伙，真是“癞蛤蟆想吃天鹅肉”，但是如今，他不仅奇迹般地恢复了健康，而且美丽的安妮已成为他的太太。

与其抱怨逆境，不如思考如何克服。变“想”为“做”，行动起来，人生就能迎来惊喜和改变。这是米契尔用亲身经历告诉我们的道理。

经受过苦难考验的人，往往对人更具有爱心，对人生有更深的体会。苦难和困境会使他们更容易接近他人的心灵，并试图理解和接受他人 。如果没有苦难的磨炼和困境的挣扎，我们也许永远不会体验到人会有多么软弱，多么容易犯错误，多么孤独和绝望，又是多么渴望爱和被爱。所以，苦难丰富的不仅是人生，也丰富着人性。

很多人选择砥砺人生，他们自始至终把生活看成是一种磨炼和考验，在任何困难前面都不会退缩和畏惧，调动起所有的勇气和智慧去面对，迎接他们的也必然是成功的自己和成功的人生。

|04| 一切荣辱，可以重重托起，也可以轻轻放下

太在意外界加在自己身上的荣辱，实际上是一种自我折磨。宠辱不惊，才能让日子云淡风轻，心灵轻盈自在。

《幽窗小记》当中有这么一副对联：宠辱不惊，看庭前花开花落；去留无意，望天空云卷云舒。寥寥数语，却深刻道出了对事对人应有的态度：得之不喜、失之不忧、宠辱不惊、去留无意。“看庭前”三字，大有“躲进小楼成一统，管他春夏与秋冬”之意，而“望天空”三字则又显示了提升格局，宽以待人接物的博大情怀，一句“云卷云舒”则更有大丈夫能屈能伸的崇高境界。做到如此方能心境平和、淡泊自然。

范仲淹是北宋著名的政治家,“庆历新政”的代表人物。正因为他谨守“不以物喜，不以己悲”的人生宗旨，因此当被贬谪邓州之时，他能够从容处之，做到“心旷神怡，宠辱偕忘，把酒临风，其喜洋洋”。从范老夫子的这句话中，不难窥见其自尊自强的人格魅力和淡泊名利的洒脱与机智。

宠辱不惊，需要我们有“不以物喜，不以己悲”的胸怀，不因外物之优和个人之得而喜，也不因外物之劣和个人之失而悲。有褒有贬、有毁有誉、有荣有辱，这本是人生的寻常际遇，无足为奇。古人云：君子坦荡荡。为君子者，宠亦坦然，辱亦坦然，豁达大度，一笑置之。得人信宠时勿轻狂，勿忘“贺者在门，吊者在闾”；受人侮辱时忌激愤，犹记“吊者在门，贺者在闾”。如此清醒地面对人生，就不难达到“不以物喜，不以己悲”的境界，并从容地面对生活和事业的种种考验与磨难。古往今来万千事实证明，那些事业有所成就的人无不具有“宠辱不惊”这种极其可贵的品格。

19世纪中叶，美国的实业家菲尔德率领着他的船员和工程师，利用海底电缆成功把“欧美两个大陆联结起来”。菲尔德自此声名鹊起，被誉为“两个世界的统一者”，一举而成为美国最受尊敬的英雄。

然而，因技术故障，电缆传送信号刚接通便中断了。顷刻之间，人们的赞辞颂语变成了愤怒的“狂涛”，纷纷指责菲尔德是“骗子”。面对如此悬殊的宠辱逆差，菲尔德泰然自若，一如既往地坚持自己的事业。

6年后，海底电缆最终成功地架起了欧美大陆的信息之桥。

宠也自然，辱也自在，勇往直前，否极泰来，菲尔德之所以成功，原因正基于此。人生在世，大可不必让所谓的境遇阻碍自己的信念和坚持，影响自我的秉性。如果你因失宠于某人而自暴自弃，或者因受辱于某人而自怨自艾，甚或由此做出极端的举动，那么是否目光过于短浅了、胸怀过于狭隘了呢？任何事情都应当拿得起、放得下、想得开。每临荣辱不介怀，如果达到了这种境界，人的精神天地便能豁然开朗。

第六章　人生苦乐，不去纠结，不会烦恼

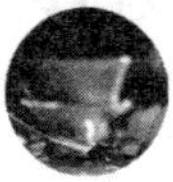

很多人纠结在人生的苦乐上，抱怨为什么自己这么痛苦，这么不快乐。其实，人的一生可能先苦后乐，也可能先乐后苦，唯一不可能只乐不苦。苦乐本就是人生的基础，这不是只为一个人或少数人准备的“特别餐点”。放弃纠结人生的苦乐，才能看清生活的本质，从而更接近快乐。

|01|　过好当下的每一天，让快乐顺其自然而来

快乐的感觉并非仅存在于头脑中，它一定会表现在行为上。只有付诸行动，才能感受到快乐。

有一天，小猪问妈妈：“妈妈，幸福究竟在哪里？”

猪妈妈回答：“孩子，幸福就在你的尾巴上。”

小猪听了妈妈的话，扭着身想要抓住自己的尾巴，可

是它的身子太胖，尾巴太短，它在原地一圈圈地转，转得头昏脑涨，还是碰不到尾巴，最后，它急得哇哇大哭。

一旁的猪妈妈慈爱地说："傻孩子，不要这么着急，幸福不是一直跟在你身后吗？"

很多人为了追寻快乐，在身外之物上耗尽力气，殊不知，金钱、地位、权力，无论朝着这个目标前进的步伐有多快，也会觉得很慢，会因此烦恼。其实，生命中的很多东西是可遇不可求的，与其耗费精力苦苦追求，不如珍惜手中已经拥有的幸福。幸福和快乐本来就是生活的一部分，只是看我们是否懂得发现而已。

一群年轻人遍寻快乐而未果，他们决定去拜访苏格拉底，解开关于快乐的迷津。

几天后，这群年轻人找到了苏格拉底，问道："我们在寻找快乐，却遇到了痛苦，请问快乐到底在哪里？"

"你们先帮我造一条船。"苏格拉底说。

年轻人们一头雾水，只好把寻找快乐的事暂时放到一边。他们各自商量好，找来了造船工具，用了七七四十九天，锯倒了一棵大树，挖空树心，造出了一条独木船。看到自己的劳动成果，虽然很累，但每个人的心里都异常兴奋。当晚大家约好庆祝了一番，全然忘了寻找快乐的事。

第二天，他们把独木船抬到江边，并请来了苏格拉底，苏格拉底满意地点点头。于是大家合力把船推到水里，登上船，一边合力摇桨，一边齐声唱起歌来，歌声在空旷的江面上回荡。

这时，苏格拉底说："孩子们，你们快乐吗？"

"快乐极了！"他们齐声回答。

"那你们找到自己想要的答案了吗？"苏格拉底顿了顿，接着说道："其实快乐并非要刻意寻找，它就在我们每个人的身边，只要你们融入生活，有目标，有追求地去做一件事，并做好它，那么快乐就会如期而至。"

好的感觉并不像人们想的那样只存在于头脑中，它一定会表现在行为上。通常当人们去参加一些非常有趣的活动，达到忘我的程度时，满足感就会出现，因为这时他们已经忘记了时间，也忘记了一切忧愁。心理学家彻斯把这一现象称为“顺其自然”。彻斯认为，生命中许多活动的过程就是满足感的来源：无论是处理棘手的事件，还是做脑部手术、玩乐器或者和孩子一起解决难题。

许多人重视快乐的感受，却不重视去做使自己快乐的事情，不去行动，这样只会让自己陷入更沉重的烦恼中。快乐源自对生命的种种体验，当你把某一件事情做好了，你对自己的行为感到满意，你就会快乐。想要快乐，不必刻意强求，过好当下的每一天，幸福和快乐便能顺其自然而来。

|02| 不必对每件事都抱有目的，单纯为了快乐做事

简单生活，少一些做事的功利之心，寻回单纯的平静和快乐。

生活中的很多问题都可以通过“简单”二字来解决：让需求简单一点，心灵就会更丰富一点；让流程简单一点，效率就会更丰富一点；让言语简单一点，沟通就会更丰富一点；让私心简单一点，友情就会更丰富一点；让挫折简单一点，经验就会更丰富一点；让情绪简单一点，人生就会更丰富一点；让环境简单一点，空间就会更丰富一点；让爱情简单一点，幸福就会更丰富一点。而想要快乐更加丰富，你需要简单做事的功利之心。

20 世纪初，一位少年梦想成为帕格尼尼那样的小提

琴演奏家。为此，他所有的空闲时间都用来练琴，但却进步甚微，连父母都觉得这可怜的孩子拉得实在太蹩脚了，完全没有音乐天赋，但又怕讲出真话会伤害少年的自尊心。

有一天，少年去请教一位老琴师，老琴师说："孩子，你先拉一支曲子给我听听。"

少年拉了帕格尼尼24首练习曲中的第三支，简直破绽百出。一曲终了，老琴师问少年："你为什么特别喜欢拉小提琴？"

少年说："我想成功，我想成为帕格尼尼那样伟大的小提琴演奏家。"

老琴师又问道："你快乐吗？"

少年回答："我非常快乐。"

老琴师把少年带到自家的花园里，对他说："孩子，你非常快乐，这说明你已经成功了，又何必非要成为帕格尼尼那样的小提琴演奏家不可呢？你看，世界上有两种花，一种花能结果，一种花不能结果，不能结果的花却更加美丽，比如玫瑰，又比如郁金香，它们在阳光下开放，没有任何明确的目的，只是为了快乐，这就够了。在我看来，快乐本身就是成功。”

这位少年就是日后以相对论名闻天下的物理学家阿尔伯特·爱因斯坦，他此后一生仍然喜欢小提琴，虽然拉得十分蹩脚，却能自得其乐。

毫无天分的少年将成为帕格尼尼的愿望放下，拉琴便只剩下了快乐。我们所做的每件事并非都需要伴有远大的理想，没有目的也并不意味着所做的便没有意义。为了快乐而单纯地做一些事，就是简单做事的要义；不去想利益得失，不在乎得失成败，为了快乐而积极地生活，就是简单生活的要义。

很多不快乐的人将原因归咎于生活难以令人满足，实际上却是对生活奢望太多。总有一些目标你毕生也无法达成，也总有一些快乐你可以轻易获取，何必总跟自己较劲，做无谓的消耗？只有懂得节制的人，才能享受到生活的乐趣；只有懂得不计较的人，才能打造出和谐融洽的氛围；只有懂得放下的人，才能享受到自在与从容。

|03| 别将精力消耗在不切实际的忧虑中

人生的智慧在于：既不要后悔过去，也不要担心未来，无论你想要什么，抓紧现在，别在杞人忧天中失去本有的快乐。

说起未来，人十有八九都是悲观主义者，即使那些标榜自己是乐观主义者的人，在对未来的预测上也难免悲观，因为未来充满了不确定性。所以，越是我们希望发生的，就越是担心它不发生或者出现相反的结果。我们的精力有很大一部分是消耗在对结果的担心上，以至于让自己分了心，无法在行动上投入百分之百的精力。

实际上，对未知结果的忧虑都是徒劳无用的。《尚书》里有这样一句话："心之忧危，若蹈虎尾，涉于春冰。"意思是：对待各种事情，心中总怀着忧患、危惧之感，就像踩着老虎尾巴，像走在春天即将融化的冰面上一样，令人战战兢兢。对结果的担心会让你的行动效果大打折扣。很多人由于忧虑失败，往往把现实中的困难估计过高，什么事做起来都感到十分吃力，没有成功的把握，以至于前怕狼后怕虎，畏首畏尾，一旦感到无助时，便容易心灰意冷，甚至于自暴自弃。

对此，著名篮球运动员迈克尔·乔丹说："我从来不去预料结果，因为每当你考虑结果时，你总会想到一个糟糕的结局。无论我陷入何种处境，我都会想，自己一定能成功，而不去想如果失败了会怎样。有些人一想到会有一个糟糕的结局，便会忧虑得浑身发冷，也许他们是害怕面子上下不来，或者遭人奚落。我认为，如果我想在一生中有所成就，就必须积极进取。我必须主动出击，我相信，畏畏缩缩是成不了什么大器的。"

从前，有一个杞国人，他的胆子很小，并常会想到一些旁人觉得莫名其妙的问题。

一天晚饭过后，他拿了一把大蒲扇，坐在门前乘凉，并且自言自语地说："假如有一天，天塌了下来，那该怎么办呢？我们岂不是无路可逃，活活地被压死，这不就太冤枉了吗？"

自此以后，他几乎每天都为这个问题发愁，朋友见他终日精神恍惚，脸色憔悴，都很替他担心，纷纷跑来劝他说："老兄啊！你何必为这件事自寻烦恼呢？天怎么会塌下来呢？再说，即使真的塌下来，那也不是你一个人发愁就可以解决的啊，想开点吧！"可是，无论朋友怎么说，他都不相信，仍然时常为这个不必要的问题担忧。

后来的人将上面这个故事引申成"杞人忧天"这个成语，旨在提醒人们不要为一些不切实际的事情忧愁。

一张白纸上有一个小黑点，若你正常去看，那小黑点几乎可以略过不提；若你拿放大镜去看它，白纸又怎么会显得不脏？世事皆同此理，很多烦恼称不上烦恼，大多时候不过是人们在庸人自扰。

要想克服庸人自扰，第一个方法就是不理它、不管它、不问它，一切随缘。有时候解决一个问题的方法就是放下这个问题不解决，时间长了问题自己便消失不见了。第二个方法在于悦纳自己，为自己丢掉一些烦恼的重石。很多无所谓结果的问题和那些不切实际的伤春悲秋，该放下就放下，该遗忘就遗忘，别将有限的精力浪费。

|04| 平和地看待得与失

人的一生，得与失不断交互循环，平和地看待得与失，是心态，也是智慧。

许多人会刻意忽视，“得”与“失”都是人生的常态。他们只愿“得”而不想“失”，只想拥有而难忍失去。这是心态的失衡。其实，得与失就像小舟的两支船桨，马车的两个车轮相互矛盾却又缺一不可。俗话说“万事有得必有失”，失去葱绿的春天，却能够迎来丰硕的金秋；失去青春岁月，却能使我们走进成熟的人生……失去，本是一种痛苦，但也是一种幸福，因为失去的同时也在获得。

在行驶的火车上，一个老人不小心把刚买的新鞋弄掉了一只，周围的人都为他惋惜。不料，那老人随后把第二只鞋也从窗口扔了出去。众人大吃一惊，循问其缘由。老人解释道：“一只鞋无论多么昂贵，对我来说也没有用了，我把另一只鞋也扔出去，这样捡到鞋的人就能穿了！”

显然，老人对自己的行为已经有了价值判断：与其抱残守缺，不如断然放弃。我们都有过丢失重要的东西并为此耿耿于怀的经历。究其原因，是我们并没有调整心态正视失去，没有从心理上承认失去。或许我们可以换一个角度想问题：我们失去的，正是他人更需要的。我们的舍弃为他人提供了更多的便利，这何尝不是一件幸事呢？

生命有失去才有得到，如果你紧紧抓住失去不放，得到就永远也不会到来。放下计较，淡看得失，就可以让生命重放光彩。

安徒生有一则名为《老头子总是不会错》的童话故事：一对清贫的老夫妇想把家中唯一值钱的一匹马拉到市

场上去换点更有用的东西。老头先与人换得一头母牛，又用母牛换了一只羊，再用羊换来一只肥鹅，又把鹅换了母鸡，最后用母鸡换了别人的一口袋烂苹果。

当他扛着一口袋烂苹果来到一家餐馆歇息时，遇上两个英国人。闲聊中他谈了自己赶集的经过，两个英国人听后哈哈大笑，说他回去准得挨骂。老头坚称绝对不会，英国人就用一袋金币打赌，于是三个人一起来到老头家中。

老妇人见丈夫回来，非常高兴，她兴奋地听着他讲赶集的经过。每听丈夫讲到用一种东西换了另一种东西时，她都会表达出对丈夫的钦佩，不时地说着："哦，我们有牛奶了！""羊奶也同样好喝。""哦，鹅毛多漂亮！""哦，我们有鸡蛋吃了！"

最后听到丈夫背回一袋已经开始腐烂的苹果时，她同样不愠不恼，大声说："今晚我们就可以吃到苹果馅饼了！"

结果，英国人输掉了一袋金币。

既然有一袋烂苹果，就做一些苹果馅饼好了！当一个

人懂得正视失去，并能够从失去中发现获得，他的生活必然妙趣横生，和美幸福。“失之东隅，收之桑榆”，你失去的，生活定能给你额外的补偿，关键在于你能否静心发现。

|05| 动态地看待生活，没有什么一成不变

如果长时间僵化在一种思维定式里，养成一种对身边已有事物的依赖习惯而停止前进，那么最终我们的生活会走进瓶颈，甚至走投无路。

有时候我们会无缘无故地给生活贴上标签，比如“领导不喜欢我”“股市就是赔钱的”“我语文就是学不好，一考试就不及格”“为什么我总是那么倒霉”，等等。我们不知道的是，这些所谓的“标签”其实都是每个人对自己、对生活的暗示，这些固化的暗示会或多或少地影响我们的生活，于潜意识里腐蚀着我们的幸福感。

曾经有心理学家做过这样一组实验：让不同年龄、不同国籍、不同性别、不同家庭、社会背景及不同学历的被

测试者来品尝两瓶红酒并从中选出自己最爱喝的那瓶。实际上这两瓶标明天壤之别价格的红酒被心理学家们做了手脚，那瓶标价贵的其实放的是劣质红酒，而标价便宜的瓶子中则是上好的拉菲。然而统计结果显示，90% 的人都觉得标价高的那瓶口味更好。可见，人们对事物的理解和判断往往会因为“标签”而产生偏差。

这种例子不在少数：在生活中，我们通常会觉得贵的就是好的，好看的食物必定好吃，形象好的人必然有人缘，等等。我们往往会因为过去的经历或者别人所传授的经验，形成一种“标签式”的僵化思维，并以此来判断其他事物。事实上，这些判断很容易出现偏差，这必然会影响到我们对事物的真实了解。没有什么是一成不变的，撕掉“标签式”的思维模式，更灵活地看待事物，我们才能对这个世界拥有更多准确的判断，并且与时代的节奏保持一致。

计算机系统的更新换代都是跟随当前科技发展及潮流

趋向的，所以速度非常之快。此前微软在推出win7系统时，身边很多年轻人都迫不及待地尝试，即使新系统的界面、指令和我们已经习惯的winXP系统不太一样，但由于它的速度非常快，工具也更加便捷和人性化，还是被很多人所追捧。可是，有些公司里的领导却不去用，理由是习惯了老系统的运作，学习新的功能和指令会耗费时间，万一把事情弄糟就不好了。

其实这种意见也恰恰代表了生活中大多数人的想法。因为旧有的思维已成了定式，不愿意接触新的东西，不愿意改变过去，这往往就会束缚了我们前进的脚步。

追求一种完全固定的生活方式或许会让我们因为轻车熟路而感觉轻松，但是要知道这只是暂时的。因为世界在变，人在变，我们的思维模式也应该与时俱进。就像我们在山路上行走，被踏平的那一条路被习惯性地认定是唯一一条可行之路，人们都会循着这条路走，却忽视了，这条路最开始也是被人开辟出来的。过于依赖原有的行为模式会让我们变得懒惰，丧失创新能力，最终限制我们的发散思维。试想，千篇一律完全没有变化的生活，还会有新鲜感和快乐吗？

抛却旧有习惯，积极突破自我，才是快乐人生的打开方式。其实生命就是在一个又一个的创造中度过，我们的快乐、满足，全都源自于做不同的事情所得到的结果。请不要将不变的习惯作为生命的主线，也不要给自己下定义，更不要认为自己无潜力可挖。只要我们没有那么多的杂念和对自我的限定，勇敢地去尝试和接受新东西，我们的头脑会越来越灵活，生活会越来越丰富。

第七章 拥有进退有度的豁达

进与退紧密联系。该进时则进，否则会错失良机；该退时一定要退，否则可能会前功尽弃。科学的进，是脚踏实地、符合事物发展规律的循序渐进。如果失去理智和方向，进就会变成冒进。退，往往是为了更好地前进。只有处理好进与退的关系，才能在人生的路上游刃有余。

|01| 选择退让，不因胆怯，只是宽容

退让不是懦弱，不是胆怯，也不是无能，而是一种坦然和释怀，凡事退让一步，迎接你的将是更广阔的天空。

古人云："退一步海阔天空，忍一时风平浪静。"在非原则的问题上，如果能以宽容之心对待他人之过，就能得到化干戈为玉帛的喜悦。对于别人的过失，虽然必要的指

正无可厚非，但是若能以博大的胸怀加以宽容，就会让自己和他人的内心都多一份平和与温情。

安阳的老城路密如织，有九府十八巷七十二胡同之说。这每一个街名的背后都有一个美丽的故事，其中“仁义巷”的故事最被人们津津乐道。而这个故事，和郭朴郭阁老有关。

郭朴，安阳人，生于明正德年间。嘉靖十四年（1535）中进士，曾两任吏部尚书，兼武英殿大学士，入内阁，故又称郭阁老，又至太子太傅，后三次上疏乞归故里。郭朴为官清正，主管官员的升迁任免时，他不徇私，不畏恶，“唯以大公行之”，“以廉著”，官声颇佳。

仁义巷是郭朴的祖宅所在地。当年郭家邻居建房造屋挤占了郭家一墙之地，郭家人气不过便和那家论理，一来二去闹得不可开交直至上了公堂。地方官畏惧双方都是官宦之家不敢审理。郭家情急之下将此事回禀已位居“宰辅”的郭朴，希望他能出面为家人“撑腰打气”。

郭阁老看完书信，心里已经明白了八九分，马上叫人研墨，写了一封回信，让人带了回去。

郭夫人一见回信，心中甚是欢喜，急忙拆开细看，只见信中写着四句诗：

千里修书只为墙，让他三尺又何妨？

万里长城今犹在，不见当年秦始皇。

郭夫人看罢书信，有感于“阁老”的修养，于是让家人从自己宅院的一边让出了三尺宽的地方给邻居王山使用。

邻居王山见郭家不仅不争被自己多占的地方，反而又给自己让出了三尺，感动、敬佩之余又深感惭愧。于是，他主动把自己家的墙拆了，往后退了三尺，这当中的地方便闲置起来。

后来，从这里走的人多了，便成了一条小巷。人们为了感念“郭阁老”义让宅基的品行，便给这条小巷取名叫仁义巷。

世界上的许多悲剧，都是因为人与人之间不肯退让造成的。很多人与人之间的矛盾，其实都是“小事”，并没

有大到“生死攸关”的地步，有时候只是立场、角度不同而导致了差异，无关对错。每个人都是独一无二的个体，有各自理解问题的思维和方法，出现矛盾时如若能以己心来忖度他心，想想换成我是他会如何想、如何做，这样与人相处时，就能够更理解他人，而一些小小的不如意就不难包容接纳了。

《菜根谭》有云：“人情反覆，世路崎岖。行不去处，须知退一步之法；行得去处，务加让三分之功。”大意是说，世间人情冷暖变化无常，人生的路也是崎岖不平，不如意的事情时常伴随在身边。因此当你遇到困难或前路行不通的时候，必须要明白退一步的为人之道；即使你的事业和生活都处在顺境中，没什么阻碍的时候，也不要得意忘形，应随时保持让人三分的胸襟和美德。此中所说的退和让，是让人要有一份接纳的胸怀，如同大海，能够接受大大小小的支流，以博大的胸怀包容一切。

生活里多一点退让，生命里就会多一份空间和爱心，心灵就会多一份温暖和阳光，我们前行的路才会宽坦。只有能够在生活中退让自如的人，才能看破三千繁华，静享清明世界。

|02| 提升人生的格局，不争眼前得失

不贪图眼前利益，不计较眼前得失，高格局者以长远发展为目标，在良性竞争中实现自己。

《老子》有云："上善若水。水善利万物而不争，处众人之所恶，故几于道。居善地，心善渊，与善仁，言善信，政善治，事善能，动善时。夫唯不争，故无尤。"意思是说最高等的品德就如同水一样，因为水能无私地滋润万物，但不与万物争名夺利，能心甘情愿地处在众人所厌恶的低下之地而无怨无悔。老子希望人们安于自己所处的位置，心像深渊一样清静，以友善之心与人交往，说话言而有信，按自然法则处理事务，做力所能及的事情，善于把握行动的时机。只有具备了这种与世无争的态度，才不会犯什么过错。

如今的我们都处在一个竞争的社会中，国与国之间通过竞争不断增强自身的政治、经济及文化水平，提高综合国力；企业与企业之间通过竞争求生存、求发展，创造更多的价值；人与人之间通过竞争不断求得自身的超越。竞争已成为社会生活的重要组成部分，每个人都不可能与竞争脱离开来。那么，老子强调“不争”，强调“居众人之所恶”，难道是自甘平庸、自甘堕落？非也！老子所说的“不争”，并不是放弃竞争，而是“不争之争”，这是一种追求卓越的良性竞争。

任君原来只是一家股份制企业的普通员工，可就是这样一个看似不起眼的人却连连升迁，跌破众人的眼镜。但回看其工作经历就会发现，他的升迁并非毫无缘由。

想当初，任君应聘时，连薪酬都不提。进入岗位后，遇到别人不愿干的工作总是他痛痛快快地接过来。别人都说他傻，可他却认为，做得多也是为了公司。在同事们的印象中，他沉默寡言，却雷厉风行。两三年过去了，任君工作很努力，但仍属中游，他还是那样不争不抢、不急不躁。

一年前，公司筹备成立一家控股子公司，上面的领导希望在公司内部提拔一个人来管理。一时间，人们闻风而动，许多人八仙过海，各显神通，都想抢到这一肥缺。最初，领导想让总经理的亲信孟凡坐这个位置。但孟凡平日仅靠一张嘴，巴结领导却不爱干活。上面的领导左右权衡，最终决定让任君来挑这个大梁。领导认为，任君工作能力强且为人不急不躁，多年来他对公司的付出足以让人信服。

如今的任君已升任为企业副总，成为公司举足轻重的人物。

为了长远的发展牺牲眼前的利益，不计较眼前得失，很多人明白这个道理，但却做不到。欲望一旦不被控制便会蒙蔽人的双眼，让其变得不肯退让，不争基本上就会成为一种奢望。老子说，自胜者强。胜不了自己就强不到哪去，所以，那些不争眼前利益的人后来胜了，贪图眼前利益的人后来输了。

所以，人不是不争，而是要光明磊落地争。不争之争，实际上是一种立足于长远的牺牲或退让，为了更长远的自我发展而争。不争而争，是一种胸襟，一种对人生更远大的追求，更显出一种大智慧。不争者，也会有自己的世界。

|03| 进时有规划，不慌不贪

做事前先做好规划，这样才能做到心中有数，而不是不顾后果地盲目去闯；做事时不贪心，这样才能不患得患失，境界超然。

《礼记·中庸》中说："凡事预则立，不预则废。"意思是说，不论做什么事，事先有准备才能取得成功，否则就会失败。它强调了预先规划的重要性。事实上，做事有计划不仅是一种做事习惯，更重要的是反映了一个人的做事态度，是能否取得成功的重要因素。

有一个商人，在小镇上做了十几年的生意，到后来竟落得店铺关门、负债累累。当一位债主跑来向他要债的时候，这位可怜的商人正在思考他失败的原因。

商人问债主："我为什么会失败呢？难道是我对顾客不热情、不客气吗？"

债主说："也许事情并没有你想象的那么可怕，你不是还有许多资产吗？你完全可以再从头做起！"

"什么？再从头做起？"商人有些生气。

"是的，你应该把你目前经营的情况列在一张资产负债表上，好好清算一下，然后再从头做起。"债主好意劝道。

"你的意思是要我把所有的资产和负债项目详细核算一下，列出一张表格吗？是要把门面、地板、桌椅、橱柜、窗户都重新洗刷、油漆一下，重新开张吗？"商人有些纳闷。

"是的，你现在最需要的就是按你的计划办事。"债主坚定地说道。

"事实上，这些事情我早在15年前就想做了，但是一直没有去做。也许你说的是对的。"商人喃喃自语道。后来，他仔细清点了账目，并根据手中资产进行了有效规划，店铺不久就又重新开张，步入正轨。

培根有一句名言："敏捷而有效率地工作，就要善于安排工作的次序，分配时间和选择要点。只是要注意，这种分配不可过于细密琐碎，善于选择要点就意味着节约时间，而不得要领地瞎忙等于乱放空炮。"做事没有计划、没有条理的人，无论从事哪一行都不可能取得成绩。

"凡事预则立，不预则废"，用来指导我们今天的行为，是很有道理的，有了一个既定的方针和目标，且做事始终围绕着这个方针和目标，一步一个脚印儿地走下去，成功的把握就会很大。

前进时有规划才不会方寸大乱，而前进时不贪心则不易错失良机。

一位富翁在散步时把狗弄丢了，于是他急匆匆地在电视台发布了一则启事：有狗丢失，归还者，付酬金 1 万元。送狗者络绎不绝，但都不是富翁家的那只。富翁的太太说，肯定是真正的捡狗人嫌给的钱太少，那可是一只纯正的爱尔兰名犬。于是富翁把酬金改为2万元。

富翁的那只狗被一位在公园躺椅上打盹的乞丐捡到了。乞丐看到广告后，第二天一大早就抱着狗准备去领赏金。当他经过一家百货商场的墙体电视屏幕时，又看到了那则启事，不过赏金已变成了3万元。乞丐又折回他的破屋，把狗重新拴起来。

第四天，乞丐再到百货商场，发现悬赏的金额涨到了4万元。在接下来的9天时间里，乞丐再没有离开过商场的大屏幕，当酬金涨到让全城市民都感到惊讶的10万元时，乞丐返回了他的住处。他想，凭这笔赏金，足可以痛快地生活好几年。

可是，当他跨进家门时，看见那只狗已经饿死了。

涉身职场的人们，也许不会满足于目前的工作，因为前面还有更高的职位和权力；打拼生意，步步皆赢不能止息人们的欲望，因为他们始终相信下一单是最好的；踏进股海，步步掘金无法阻止人们靠近诱惑，因为总想站在最高的峰顶！然而，职场有沉浮，生意有成败，股海有涨跌，任何人都不可能只升不降，只赚不赔，只输不赢，想要得越多，就必须能够承担失去更多的风险。别等到潦草收场时方觉意兴阑珊、追悔不已。

有人曾说过这样一句话:“人，应该学会见好就收。”“见好就收”语言浅显直白，却暗示人们必须懂得不可贪图冒进的极大智慧。不考虑实际因素，步子迈得太大、太快，小心滑入万劫不复的深渊。

|04| 执着地追求，智慧地变通

“一条道跑到黑”，不少具有这种行为风格的人最后获得了成功，但假使一开始就选错了方向，这种执着会让你沉入苦海，难以解脱。

如果能得到恰当应用，每个人的能力都蕴涵无限潜力。然而，任何事物都有相反的一面，如果能力没有得到正确引导，它同样会变成致命的敌人。很多人执着地从事他们不想做的事情，得到了不想要的结果。他们并非缺乏执着精神，而是选择错了目标和方向，对于错误的选择没能及时止损。坚持自己的想法、做法是最正确的，一旦决定之后，任何人都不能够改变他，也不愿意接受别人的建议，明知是错却一意孤行，这就是执迷不悟。

执迷不悟指的是人们在认知过程中无法将客观与主观、现实与假设很好地区分开来。假如用自己这种已有的经验来驾驭现实，并过分固化的话，就产生了无意义的执着。

有人曾经做过一个有趣的实验：把几只蜜蜂和苍蝇放进一只平放着的玻璃瓶，使瓶底对着光亮处，瓶口对着暗处。结果，目标明确、朝着光亮拼命撞击的蜜蜂最终衰竭而死，而无目的乱窜的苍蝇竟都溜出细口瓶颈逃生。是什么葬送了蜜蜂？是它对既定方向的执着，是它对趋光习性这一规则的固守。

在充满不确定性的环境中，我们需要的不是朝着既定方向的执着努力，而是在随机试错的过程中寻求生路；不是对规则的固守，而是对规则的突破。执着对于人生的推动作用不可否认，但也应看到，在这个充满变数的世界里，执着于错误的方向只会产生无尽的痛苦。

有一种名叫马嘉鱼的鱼类生活在深海中，春夏之交会溯流而上，随着海潮漂游到浅海去产卵。渔人捕捉马嘉鱼的方法很简单：用一个孔目粗疏的竹帘，在竹帘的下端系上铁块，放入水中，用两只小艇拖着，拦截鱼群。这种马嘉鱼的“个性”很强，不爱转弯，总是一往无前，即使闯入了罗网也不会停止。所以一只只前仆后继地陷入竹帘孔中，帘孔随之收紧。孔愈紧，马嘉鱼愈是愤怒，每每这时它们会瞪起圆圆的眼睛，张开背鳍，更加拼命往前冲，结果一只只马嘉鱼被竹帘牢牢地卡死，为渔人所获。

认准了正确的道路奋勇前进，不达成目标不松懈是执着；一意孤行，沿着错误的方向不撞南墙不回头是固执。执着能让人成功，固执却不行。追求必须与智慧相结合，在执着地追逐成功的同时，要适时调整自己的定位，懂得变通，懂得放弃，这样才能到达成功的彼岸。

|05| 有些退后是为了更好地前进

“退”并不是一味地消极退让。对力所能及的事，遇到困难就畏缩不前，这种退不可取。面对不可能实现的目标，暂时的退是为再次前行积蓄力量，这种退是保存实力，是明智的退。

生活中，人们常常赋予前进“智慧”的桂冠，而为后退拴上“懦弱”“蠢笨”的铁链。的确，前进代表着昂扬、积极、向上的人生，意味着面对艰难困苦勇往直前，面对恃强凌弱绝不退缩，面对疾风骤雨临危不惧。人生确实需要这种“前进”，但后退就一定代表懦弱、蠢笨、胆怯么？

战国时期蔺相如不畏秦国，完璧归赵，是因为他要维护赵国的利益，所以，他选择了进；廉颇与他争锋，将相失和，会使赵国内乱，给对手以可乘之机，此时，他选择了退。这一进一退间，表现出的不仅仅是博大的胸怀，更重要的是非凡的智慧。

面对咄咄逼人的争辩，不去斤斤计较；面对他人的失误，宽容原谅……人生中也应当有这样的“后退”。很多时候，后退并不意味着退缩。如同长途奔走中的加油站，暂时的停滞甚至后退是为了补充能量、饱满精神，然后以更充沛的状态继续下一段旅程。

一个5岁的小男孩跟着他的父亲走在加拿大安大略省的一条乡间小路上，前面有一条半米宽的水沟，父亲即使挑着沉重的担子，还是轻松地跨过去，可是尾随在后面的小男孩却做不到，他站在水沟边看着顾自往前走的父亲，急得哭了起来。

“怎么了？快点跟上！”他的父亲喝斥道。

“我跨不过去！”小男孩委屈地说。

如果父亲空手的话，或许他会走过去将那小男孩一把拎过来，但此刻他身上挑着沉重的担子，并不愿意走回头路。“你确定跨不过去？”父亲这样问。

“是的，我跨不过去！”

确实，对于一个5岁的孩子来说，那个半米宽的缺口不是他能够轻易跨过去的。父亲看着站在水沟旁束手无策的儿子说：“你后退几步，然后再用力往前冲，这样就能跳过来了！”

小男孩听后往后退了几步，然后往前冲去再奋力一跳，果然成功地跳过了水沟，稳稳落在地上！

等小男孩稍长大一些，他梦想能够进入美国加利福尼亚一所非常不错的大学读书，然而高中二年级时，他突然生了一场大病，那场病耽误了他将近两个月的学习时间，再次返校后，他发现自己的功课糟糕透了，甚至完全听不明白老师在讲什么。他失去了学习的斗志和信心，学期还没结束就悄悄地溜回了家。

“怎么了？为什么现在回来？”他的父亲问他。

“我不可能凭这样的成绩实现我的理想，我不想读书了！”他说。

“你确定再也无法取得好成绩了？”父亲这样问他。

“是的，我再也无法取得好成绩。”男孩沮丧极了。

“拖了两个月，确实很难把功课赶上去，但我更相信放弃不是最好的办法！与其放弃，不如先缓一缓，等明年重新再读一遍二年级！”他的父亲替他拿了主意。

那之后，男孩就在家里复习功课，在第二年回到了学校。这样一来，他虽然比同龄人晚了一年，但是他的成绩渐渐赶了上来，最终考上了梦想中的那所大学。

当生活看起来没了前路时，不如转身向后。有的人只知道乘胜追击，不知道退一步再向前往往会收获更大的助力。我们应当懂得，每个人都不可能一直保持前进的姿态，后退一步是休整，是为了更好地前进。

第八章　将自我迷失清空，活出喜欢的样子

人最难得的是对自己的清醒认识，但很多人还都处于自我的迷失中：他们不能清楚地评价自己，遇到问题更多的是抱怨他人，将生活的重心放在过去和未来……人要活出自己，世界才能找到你。将自我的迷失清空，才能活成自己喜欢的模样。

|01|　认清世界之前，先认识真实的自己

《老子》中写道：知人者智，自知者明。一个人如果能有自知之明，就能在复杂的人事面前保持独有的明智，就不会做出离谱的事。

自知，就是要知道自己、了解自己。常言道："人贵有自知之明。"把人的自知称之为"贵"，可见一个人能清

楚认识自己是不容易的；把自知称之为“明”，又可见自知是一个人智慧的体现。人之不自知，正如“目不见睫”，可以看见百步以外的东西，却看不见自己的睫毛。

战国时期齐国相国邹忌身高八尺，相貌堂堂，与同住一城的徐公并称为齐国有名的美男子。

一天早晨，邹忌起床后，穿好衣服戴好帽子，信步走到镜子前仔细端详自己全身的装束和模样，觉得自己的确长得与众不同、高人一等，于是随口问妻子说：“你看，我跟城北的徐公比起来，谁更漂亮？”他的妻子走上前，一边帮他整理衣襟，一边回答说：“您长得多漂亮啊，那徐先生怎么能跟您比呢？”

邹忌心里不大相信，又问他的妾：“我和城北徐公相比，谁更漂亮？”他的妾连忙说：“大人您比徐先生漂亮多了，他哪能和大人您相比呢？”

第二天，有客来访，邹忌陪客人聊天时又想起昨天的事，就顺便问客人说：“您看我和城北徐公相比，谁漂亮？”客人毫不犹豫地说：“徐先生比不上您，您比他漂亮多了。”

如此三番，邹忌信以为然。

恰巧过了一日，城北徐公到邹忌家登门拜访。邹忌第一眼就被徐公那气宇轩昂、光彩照人的形象怔住了。两人交谈的时候，邹忌不住地打量着徐公，自觉确实不如徐公俊美。为了证实这一结论，他偷偷从镜子里面看看自己，再调过头来瞧瞧徐公，结果更觉得自己长得比徐公差。

晚上，邹忌躺在床上，反复地思考着这件事。既然自己长得不如徐公，为什么妻、妾和客人都说自己比徐公漂亮呢？想到最后，他总算找到了问题的结论。邹忌自言自语地说：“原来这些人都是在恭维我啊！妻子说我美，是因为偏爱我；妾说我美，是因为害怕我；客人说我美，是因为有求于我。看起来，我是受了身边人的恭维赞扬而认不清真正的我了。”

要真正了解别人的内心是不容易的。但比较起来，了解自己更难。苏东坡有诗曰：“不识庐山真面目，只缘身在此山中。”自我认识往往受到偏好、情绪等多种因素的干扰，容易认知片面甚至出现错误。其实“知人”和“自知”并不是分离的。“知人”的基础就是“自知”，如果不了解自我，那么去观察认知别人往往也是不准确的。

孔子曾问子贡：“你和颜回谁更博学？”子贡答道：“我怎么敢和颜回相比？他能够以一知十；我听到一件事，只能知道两件事。”子贡的回答明智且从容，这份智慧与气度一方面源自其博大的胸怀，另一方面则源自他准确的自知。

现实生活中，人们常常会犯自以为自知的毛病，他们或是过于自重，总觉得高人一等，办事忽左忽右，不知轻重，造成不必要的尴尬；或是过于自轻，多萎靡少进取，总认为自不如人，自惭形秽，经常处于无限的悲苦之中。这都是由于不能正确地认识自己而造成的悲剧。

所以，认识世界之前，请先正确地认识自己。只有实事求是地评价自己，才能对自己的人生坐标进行准确的定位；只有真正了解自己的长处和短处，避己所短，扬己所长，才能实现有效的自我完善。

|02| 过失面前，用自我反省替代怨天尤人

面对生活中的不如意，怨天尤人不仅不能改变什么，而且会让自己身陷在这种情绪中无法自拔。在不如意面前，适度的自我反省才能让你看清问题的实质，进而找到解决问题的方法。

现实生活和工作中，经常能看到或遇到这样的事情：某一项工作出现了失误，当事人在需要说明情况时，或相互推诿，或强调客观理由，很少从自身查找原因；自己需要完成的某项工作，在没有达到目标时，会习惯性地原谅自己：已经很好了，别人也许还做不到这样呢！鲜少反思自己未完成的原因，并对此心怀愧疚。

出现问题时总能找到借口为自己开脱，却从不“正

己”，这是怨天尤人者的典型表现。曾子曰：“吾日三省吾身：为人谋而不忠乎？与朋友交而不信乎？传不习乎？”他以不断的自省完善自身言行，培养出高尚的德操。固然，一件事情的成功或失败往往是由多方面因素导致的，但只将其归因于外物，而忽视对自身的反省一定是不可取的。“自我反省”和“怨天尤人”在态度和责任上有着本质区别，也必然会产生不同的结果。

“自我反省”是站在主观的立场上来承担责任：既然负责这项工作了，就要勇于承担责任，工作的好与坏、成与败，都要负责；而“怨天尤人”则有“旁观者”之嫌，它以推脱、逃避责任为主要目的。

“自我反省”是从自身寻找原因，而后加以改正；而“怨天尤人”则把原因推给其他人，能不能改正、什么时候能改正就不是自己的问题了。这样回避的态度显然是不妥的。缺点和不足都是客观存在的，就像窗户上的玻璃总会沾染上灰尘，只有“时时勤拂拭”，才能保持明亮光洁，而回避问题只会留下隐患，妨碍自己的进步。

日本保险业泰斗原一平在27岁时进入日本明治保险公司开始推销生涯。当时，他穷得连饭都吃不起，夜夜露宿公园。

有一天，他向一位老人推销保险，待他详细说明之后，老人平静地说：“你的介绍丝毫不能引起我投保的意愿。”

老人注视原一平良久，接着又说：“人与人之间，像这样相对而坐的，一定要具备一种强烈的吸引对方的魅力，如果你做不到这一点，就没什么前途可言。”老人的话令原一平哑口无言，冷汗直流。

老人又说：“你在替别人考虑保险之前，必须先考虑自己，认识自己。”

“考虑自己？认识自己？”

“是的！赤裸裸地注视自己，毫无保留地彻底反省，然后才能发现自己的不足。”

原一平接受了老人的教诲，他策划了一个“原一平批评会”。集会的目的是让别人能坦率地批评自己，为此他确定了下列三项原则：一是集会要让人人都能畅所欲言，所以人数不能多，以五人为限；二是为了确保批评多样且客观，每次邀请的对象不能相同；三是既然是他主动邀请别人来的，来的人就都是他的贵宾，一定要热诚地招待他们。

一切准备就绪，原一平立刻去拜访了几个关系较好的投保人，他诚恳地对他们说："我才疏学浅，又没有上过大学，因此连如何反省都不会，所以我决定召开原一平批评会，恳请您抽空参加，对我的缺点加以指正。"这些人觉得这种性质的集会很有意思，都很痛快地答应了。

原一平把大家提出的宝贵意见都一一记下来，随时反省自己。随着批评会的定期举行，他发觉自己就像一只正在"蜕变"的蚕。每一次"批评会"后，他都有焕然一新的感觉。经过一次又一次的"批评会"，他把身上一层又一层的劣根性剥了下来，逐渐成长；他把在"批评会"上获得的改进用在每天的推销工作中，业绩直线上升。

《礼记·乐记》有云："好恶无节于内，知诱于外，不能反躬，天理灭矣。”这就是反躬自省的最早出处，意思是说，回过头来检查自己的言行得失。其目的就是要通过自我反省随时了解、认识自己的思想、情绪与行为，从而弥补短处，纠正过失，不断完善自我。这是积极追求进步的一种表现。一个人如果不懂自省，他就看不见自己的问题，更不会有自救的愿望。做人，与其低着头埋怨错误，不如昂起头纠正错误。

|03| 幸福感源于内心的积极营造

害怕寂寞和孤独，害怕坚持下去得不到结果……功利的幸福标准，患得患失的心态，让我们难以感受到幸福。

雄辩的口才、崇高的荣誉、丰厚的财产、昂贵的服装以及优雅的举止，我们是多么容易被这些东西迷惑、欺骗并错误地认为，那些名人大家、政治领袖、企业管理者，或那些极有聪明才智和艺术天赋的人肯定是幸福的。实际上，真正的幸福总是与外部境况无关，只能在内心找到。

很久以前看过一则故事，讲的是圣诞节之际，一户穷人没有钱过节，于是夫妇俩就教孩子们唱歌。住在楼上的富翁听到他们快乐的歌声，越发觉得自己孤单一人很不快乐，所以就拎了一袋子金币给穷人，条件是不许他们再唱歌。

穷人答应了富翁，接过钱却总担心会弄丢，东藏西藏也找不到好的地方放。孩子们不能再唱歌，一个个面面相觑，家里的气氛顿时变得冷清寂寥，穷人家也变得不快乐了。

不久，富翁听到外面有人敲门，打开门一看却是那个穷人。穷人把钱袋递给富翁："抱歉，先生，我们不能答应您的要求。"之后，穷人的家里重新响起了孩子们欢快的歌声。

亚里士多德说："幸福还是不幸福，取决于人的自我灵魂。"这是对渴望幸福的人们一种有益的提醒。人的幸福感，既要靠社会创造的各种"发生条件"，也有赖于个人内心的积极营造。一些消极的情绪、错误的观念、解不开的情结，都会影响我们的生活。学会面对，学会放下，才能收获幸福和轻松。如果你不知道该从何处入手，以下是我们提供的几点建议：

1. 练习微笑

所谓练习微笑，不是机械地挪动你的面部表情，而是努力地改变你的心态，调节你的心情。学会平静地接受现实，学会对自己说声顺其自然，学会坦然地面对厄运，学会积极地看待人生，学会凡事都往好处想。这样，阳光就会照进心里，驱走恐惧和黑暗，驱走所有的阴霾。

2. 放下自卑

把“自卑”二字从你的字典里删去吧！不是每个人都可以成为伟人，但每个人都可以成为内心强大的人。内心的强大，能够稀释一切痛苦和哀愁；内心的强大，能够有效地弥补外在的不足；内心的强大，能够让你的思想高过所有的建筑和山峰！相信自己，找准自己的位置，你同样可以拥有有价值的人生。

3. 放下懒惰

不要一味地羡慕人家的绝活与绝招，通过恒久的努力，你也完全可以掌握。把一个简单的动作练到出神入化，就是绝招；把一件平凡的小事做到炉火纯青，就是绝活。记得提醒自己：放下懒惰，人生会大不相同。

4. 为自己加油

如果你想成为一个成功的人，那么，请为“最好的自己”加油吧，让积极打败消极，让高尚打败鄙陋，让真诚打败虚伪，让宽容打败褊狭，让快乐打败忧郁，让勤奋打败懒惰，让坚强打败脆弱，让伟大打败渺小……只要你愿意，你完全可以做一辈子最好的自己。在自己的战役里，除了你，没有谁能够左右胜负，你就是运筹帷幄的将军！

5. 放下抱怨

抱怨只能阻碍成功到来的步伐。放下抱怨，心平气和地接受失败，无疑是智者的姿态。抱怨无法改变现状，拼搏才能带来希望。真的金子，只要自己不把自己埋没，只要一心想着闪光，就总有闪光的那一天。纵观古今中外，很多人生奇迹都是那些最初拿了一手坏牌的人创造的。不要总是心怀烦恼地生活，也不要总以为生活辜负了你，其实，你跟别人拥有的一样多。

6. 放下犹豫

认准了的事情，不要优柔寡断；选准了一个方向，就只管上路。机遇就像闪电，只有快速果断才能将它捕获。立即行动是所有成功人士共同的特质。如果你有什么好的想法，那就立即行动吧；如果你遇到了一个好的机遇，那就立即抓住。

7. 放下狭隘

要想根除偏见，首先要根除狭隘的思想。只有远离狭隘，才有内心的和谐，人与人的和谐，人与社会的和谐。我们不但要自己快乐，还要把自己的快乐分享给朋友、家人甚至素不相识的人。因为分享快乐本身就是一种快乐，一种更高境界的快乐。这也是破除狭隘的方法之一。

|04| 坦然地面对烦恼、面对自己

在这个世界上，凡事不可能一帆风顺、事事如意，总会有烦恼和忧愁。当不顺心的事时常萦绕着我们的时候，我们该如何应对呢？

“坦然自适，烦恼即去”。坦然是一种进取的态度，是智者的行为。坦然，是顺其自然，不怨恨、不躁进、不过度、不强求；是把握机缘，不悲观、不刻板、不慌乱、不忘形。坦然，是对现实正确、清醒的认识，是对人生彻悟之后的精神自由，是“聚散离合本是缘”的达观，“得即高歌失即休”的超然，更是“一蓑烟雨任平生”的从容。

坦然面对生活的人，总能在风云变幻、艰难坎坷中，收放自如、游刃有余；总能在逆境中，找寻到前行的方向，

保持坦然愉快的心情。拥有一份无忧无惧的坦然之心，你就会发现，天空无论是阴云密布还是阳光灿烂，生活的道路无论是坎坷还是畅达，心中总有一份平静和恬淡。

有这样一个故事：有一个步行的人，因为路不平摔了一跤，他爬起来没走几步，一不小心又摔了一跤，于是他便趴在地上不再起来了。有人问他：“你怎么不站起来继续走呢？”那人说：“既然站起来还会再跌倒，我干嘛还要起来，不如就这样趴着，趴着就不会再摔了。”这样的人就是在回避，他不敢再站起来继续往前走，也就永远无法到达目的地。

人不应该回避困境与烦恼，更不应该回避自己，失去自我的本色。

《菜根谭》中讲：“文章做到极处，无有他奇，只是恰好；人品做到极处，无有他异，只是本然。”意思是文章写到登峰造极的境界时，并没有什么特别奇妙的，只是把内心的思想感情表达得恰到好处而已。人品修炼到炉火纯青的境界时，并没有什么特别不同的，只是使自己的精神气质回归到纯真之性而已。可见，至真至纯的本性与登峰造极的文章一样，都是极为难得的。

世间万物，各有本色。人的本色体现风格、彰显品格、展现人格。巴顿将军说："不能以本色示人的人成不了大器。"只有不褪色、不染色、不变色，珍视和保持本色，才能有所作为、有所建树。

一位哲人曾说过，人生苦恼的最根本原因就在于，每个个体需要的多样性，与满足其需要的能力的有限性形成了矛盾。这种矛盾是人生的矛盾焦点，这种矛盾存在于每个个体身上，只不过有些人的矛盾会表现得更突出、更尖锐、更激化。这意味着，当能力配不上欲望时，人必然无法快乐。唯有刚刚好的欲望搭配稍逊于欲望的实力，人才能既有上进的动力，又不至于陷入痛苦中。

很多人不愿意承认能力的局限，将目标定得很远大，听起来很好，其中苦楚却只有自己知道。即使人们不愿意承认，也不得不面对的现实，有些事是你力所不能及的。与其在其中苦苦挣扎、抑郁消沉，不如正视它们，确定更合理的目标。

有勇气去改变世界、改变自己，也有勇气坦然接纳不可改变的事实，这是一种理性的成熟，也是阅历沉积后的深切感悟。

|05| 别让他人的生活方式影响你的幸福方式

生活中常常打扰我们、让我们感到不安的元素，往往并不是来源于我们自己，而是源自别人的生活方式。

总是羡慕别人的生活，就会给自己造成混乱和迷茫，甚至迷失自己。不去羡慕别人，内心的平静不被打乱，日子才能变得悠然平静，从容不迫。不去羡慕别人，才能将目光聚焦于自己的生活，完成自己的事业，达到自己的目标，过好自己的人生。

在河的两岸，分别住着一个和尚与一个农夫。

和尚每天看着农夫日出而作，日落而息，生活看起来非常充实，令他相当羡慕。而农夫也在对岸，看见和尚每天都是无忧无虑地诵经、敲钟，生活十分轻松，令他非常向往。因此，他们的心中产生了一个相同念头：“真想到对岸去！换个新生活！”

有一天，他们碰巧见面了，两人商谈一番，并达成交换身份的协议，农夫变成和尚，而和尚则变成农夫。

当农夫来到和尚的生活环境后才发现，和尚的日子一点也不好过，那种敲钟、诵经的工作，看起来很悠闲，事实上却非常烦琐，每个步骤都不能遗漏。更重要的是，僧侣的生活非常枯燥刻板，虽然悠闲却也让他无所适从。

于是，成为和尚的农夫，每天敲钟、诵经之余都坐在岸边，羡慕地看着在彼岸快乐工作的其他农夫。

至于做了农夫的和尚，重返尘世后，痛苦也不比农夫少，他不仅不能诵读经书，还得面对俗世的烦忧、辛劳与困惑，这让他非常怀念当和尚的日子。因而他也和农夫一样，每天坐在岸边，羡慕地看着对岸步履缓慢的其他和尚，并静静地聆听彼岸传来的诵经声。

这时，在他们的心中，同时响起了另一个声音：“回去吧！那里才是真正适合我们的生活！”

在这个世界上，每个人都有独一无二的角色。不必盲目去羡慕别人的生活方式，也不必对别人的生活指手画脚、横加干涉。最了解自己的人莫过于自己，哪种生活状态最舒适也只有自己最为清楚。

实际上，我们的生活已经注入了有用的、艺术的、有益的、慈爱的、高尚的因素，我们都有很好的机会对生活精雕细琢。可是很多人忙于羡慕他人，忽略了自我生活之美。所以，我们需要不时地提醒自己：只要愿意花些时间，就可以活出生活的仪式感，就可以在看似平凡的生活中找到属于自己的乐趣和幸福。

第九章 学习和周围的一切和解：不怨怒，不强求

当你对周围的人和事充满怨恨和愤怒，阴霾便会如影随形；当你将怨恨和愤怒化解，阳光便能照进生活。对生活充满宽容、心态平和的人，生命更能时时得到滋润，也会得到周围人对他的善意相待。

|01| 你想要别人怎么对你，你就要怎么对待别人

渴望被善待，首先要善待他人。

你想别人怎么对你，你就要怎么对待别人。当你尊重别人，别人就会尊重你；你重视别人，别人也才会重视你；你礼貌待人，别人也会礼貌待你；你热情待人，别人也会热情待你。而这一切与身份、地位等外界因素无关。所以，

当你渴望得到他人的善待，首先要学着善待他人。

一个在外打工、好几年才回家一次的男孩深夜坐车回家。结果，在离家不远的路口，看见一陌生男子被车撞倒在地，肇事司机早已逃走。急于回家的愿望让他正想离开，忽转念一想，他的家人是不是也会像自己父母那样等待他回家？于是他把那人送到了医院，那人因此得救。后来，男孩得知那人竟是他素未谋面的亲哥哥。幸亏他当时没有袖手旁观，否则这将会是他一生的遗憾。

你善待了别人，生活就会善待你。你无意中做了一点点的善事，有时会得到意想不到的、甚至是十倍百倍于你付出的收获。人与人之间是相互的，你想别人怎么对你，你就怎么对别人；同样，你不想别人怎么对你，你也不要以相同的方式去对待别人。“己所不欲，勿施于人，以责人之心责己，以待己之心待人。”如果我们每个人都可以这么想、这么做，人与人之间的相处就简单容易得多。

我们应该学着把与他人的交往变成一种良性互动，学着以己之心度人之心。从别人身上可以找寻自己的影子，让自己更清楚地看到不足并改正和完善。当自己身上的某些缺点在别人身上也存在时，你会用怎样的眼光看待他，就会知道别人是用怎样的眼光看你。有过犯错被原谅的经历就会知道宽容能为一个人带来怎样的温暖和慰藉，也可以让你对别人不经意间所犯的错误抱以同样的理解与宽容。

你把你的大门对别人关上，当有一天你需要别人帮助时，别人的大门也会对你关上。当被生活苛待时，不要急着责怪别人，先检讨一下自己，你有善待过别人吗？曾经帮助过你的人们，你可曾还记在心上，满怀感激与祝福？人生长途中一路走来，有多少默默无闻的目光在背后关注着我们，有多少双期待的眼神在看着我们，这些你都记住了吗？收藏起来了吗？不要将别人对你的善意视为理所当然，也不要吝惜对他人表达善意。表达善意无需惊天动地，有时只是举手之劳，轻而易举就可以做到，但对他人来说却能换来巨大的改变。善待别人，其实就是善待自己。做一个心中有爱的人，比什么都重要。

|02| 感恩的心是无价的珍宝

感恩是对别人所给予的关心帮助的良知回应。有了感恩之心，才会对他人宽容；有了宽容心，才会时时谦和；有了谦和心，才会心生敬畏。

感恩是积极向上的思考和谦卑的态度，它是自发性的行为。在别人需要帮助时，伸出援手；当别人帮助自己时，真诚地表达感谢……这些小小的细节都源自一颗感恩的心。当一个人懂得感恩时，便会将感恩化做充满爱意的行动实践于生活中。心怀感恩地生活，不仅仅使自己更积极，也会为别人带来快乐。

对父母要心存感恩，因为他们给予了我们生命，让我们健康成长；对师长应心存感恩，因为他们给了我们教诲，让我们明晓事理、通达知识；对企业要感恩，因为它为我们提供了实现自我的平台；对朋友应心存感恩，因为我们相互陪伴，郁闷时一起熬过，欢乐时一起分享……

懂得感恩的人必能以虔诚的姿态，认真地面对生活。因为对生活心存感激，所以心中时常保有一份欣喜与热爱。

在一个闹饥荒的城市，一位心地善良的面包师把城里最穷的几十个孩子聚集到一块，然后拿出一个盛有面包的篮子，对他们说:“这个篮子里的面包你们一人一个。以后，你们每天都可以来拿一个面包。”

瞬间，这些饥饿的孩子一窝蜂地涌了上来，他们围着篮子推来挤去大声叫嚷着，谁都想拿到最大的面包。但是有一个叫伊娃的小女孩却例外，她既没有同大家一起吵闹，也没有与其他人争抢。她只是谦让地站在一步以外，等别的孩子都拿到以后，才把剩在篮子里最小的一个面包拿起来。她并没有急于离去，而是向面包师表示了感谢并亲吻了面包师的手之后才向家走去。

第二天，面包师又把盛面包的篮子放到了孩子们面前，其他孩子依旧如昨日一样抢着面包，羞怯、可怜的伊娃只得到一个比昨天还小的面包。当她回家以后，妈妈切开面包，许多崭新、发亮的银币掉了出来。

妈妈惊奇地叫道：“立即把钱送回去，一定是面包师揉面的时候不小心揉进去的。赶快去，伊娃，赶快去！”

当伊娃把妈妈的话告诉面包师的时候，面包师面露慈爱地说：“不，我的孩子，这没有错，是我把银币放进面包里的。我要奖励你，愿你永远像现在这样保持一颗感恩的心。回家去吧，告诉你妈妈这些钱是你的了。”

感恩是不求回报的，但一颗感恩的心是值得嘉奖和鼓励的，它是无价的珍宝。

感恩的心会让我们变得谦恭。因为谦恭，把自己置身于低处，这就是古人说的“欲求其高，先就其下”，想达到很高的境界，首先要放得最低。有一位老师，已经90

多岁了，很受人尊敬，他经常说一句话：“我来到这个世界就是服侍所有人的。”他说出这样话，就是证明他处在一个非常谦卑和恭敬的状态。这种心态也会反映到言语和行为之中。谦卑是对他人尊重，更能赢得他人的尊重。

对他人感恩，可以使自己的心灵富足。荀子曰：“积善成德，而神明自得，圣心备焉。”心灵富足的人必会爱人，因为爱就是给予，爱就是宽容。得到别人帮助时心存感恩，就会让你在别人遇到困难时伸出援手；与别人发生矛盾时心存感恩，就会让你想起往日他对你的关心帮助，化解心灵的隔阂，让友谊常在。

对生活心存感恩，你就不会有太多的抱怨。感恩之心足以稀释我们心中的狭隘和蛮横，还可以帮助我们度过苦痛和灾难。常怀感恩之心，我们就可以逐渐原谅那些曾触及心灵痛处的人和事，让心胸更加宽阔，格局更加宏远。

|03| 忘记对他人的怨愤

忘记对他人的怨愤之心，是一个智者的做法。如果你还没有学会遗忘和原谅，那么从现在开始要求自己，甚至可以强迫自己，不要怨恨别人。

美国总统林肯少年时曾发生过这样一件事：

由于家境困难，林肯12岁时不得不中止学业，去做伐木工人。每次，他都在自己伐倒的木材上写上自己名字的首字母“A”。但是有一天他发现自己砍伐的木头被写上了“H”，这显然是有人盗用了自己的劳动成果。

林肯生气极了，回家对继母说：“一定是那个叫亨得尔的家伙干的，我要去他们家找他理论。”继母看着气乎乎的林肯说：“孩子，你先别急，听我给你讲个故事。

“从前有一片大森林，那里有一个人叫斑卜，他以打猎为生，经常在密林中安装捕兽夹子。由于他安装的地方是野兽们经常出没的路线，几乎每天都有收获。有一天他又去收夹子，却发现夹子上只有动物脱落的毛，显然猎物已经被别人取走了。斑卜很生气，于是他在纸上画了一张很生气的脸，放在了套子上。

“第二天他又去收夹子，发现夹子上有一片树叶，树叶上画着一个圈，圈里有一座房子，房子旁边还有一只狂吠的狗。斑卜不知道是什么意思，他想：为什么这个人拿走了我的猎物还要画图呢？他觉得应该和这个人面对面问清楚，于是他画了一个正午的太阳，还有两个人站在捕兽夹边。

“第三天中午他又来到了这里，看到一个浑身插满野鸡毛的印第安人在那里等他。他们彼此语言不通，只能通过打手势来对话。印第安人用手势告诉斑卜这里是我们的地盘，你不可以在这里装夹子。斑卜也打手势说：这是我装的夹子，你不能拿走我的猎物。两个人的模样都很古怪，相互看得直乐。斑卜想，既然都说明白了也就没什么好生气的，于是他大方地将捕兽夹送给了那个印第安人。

“后来有一天，斑卜打猎时遇到了狼群追赶，被迫跳下了悬崖。等到他醒来的时候，发现自己正躺在印第安人的帐篷里，伤口上还敷着印第安人给他上的药。此后他就成了印第安人的好朋友，和他们生活在一起，共同打猎。”

继母讲完了故事，微笑着对林肯说：“你说斑卜做得对吗？”

“他做得很好，这样就少了敌人，多了朋友。”林肯思索片刻答道。

“对呀，孩子，你要学会宽容别人。宽容能让你少了敌人，多了朋友。”

当我们对他人心生怨愤时，眼前的视野仿佛被遮蔽，怨愤切断了我们与外界的连结。如果我们能清楚地看到自己怨愤时的情绪反应，就会发现它不但窄化了我们的生命，也耗费了我们的能量。我们会看到怨愤是一种对生命的反动，它往往使我们变得封闭和孤立。

社会是由人与人组成的，谁都不可能孤立地生活在这个世界上。我们在生活中肯定会遇到与他人发生不愉快的时候，你要检查一下自己，当你与他人发生不愉快的时候，尤其是当你感到自己被不公平对待的时候，你是否会对他人产生敌意呢？是否会因此对他人怀有怨愤之心呢？如果回答是肯定的，那么你需要及时调整自己，防止怨愤招致更多的伤害。

战争期间，一支部队在森林中与敌军相遇，双方展开了激烈的战斗。激战中，两名士兵和部队离散了。森林一望无际，他们既没有水，也没有食物，就那样跌跌撞撞地在其中艰难地跋涉。一天、两天、三天……他们已经疲惫到了极点，可还是看不到大部队的影子。

幸运的是，他们打死了一只野鹿，这是他们唯一的食物。随着时间的推移。仅剩下的一些鹿肉，背在那个更年轻士兵的身上。

这一天，他们刚刚上路，就遇到了前来扫荡的敌人。

战斗中，他们巧妙地避开了敌人。就在他们以为已经转危为安时，只听一声枪响，那个背着鹿肉的士兵中枪了，好在子弹只是打在了肩膀上。后面的士兵急忙跑过来，抱住战友，二话没说就把自己的衬衣撕下来帮战友包扎好伤口。

到了晚上，他们在一棵大树下休息。那个未受伤的士兵嘴里一直念叨着母亲，眼神里充满了绝望。他们都想活下来，身边的鹿肉谁也舍不得吃。没有人知道他们是怎么熬过那一夜的。

第二天，大部队出现了，他们得救了。

那位受伤的士兵名叫安德森，时隔30年后，他说：“我知道是谁开的那一枪，是我的战友，他已经在去年去世了。在他抱住我时，我碰到了他发热的枪管，但我没有揭穿他。我知道他是想独吞那块鹿肉活下来，但我也知道他活下来是为了能够见到他的母亲。此后，我只字不提那件事，就当什么也没有发生过。战争太残酷了，直到最后，他的母亲也没有见到他的儿子。后来我们退役返乡后，我和他一起祭奠了老人家。他跪下来，请求我的原谅，我只是笑了笑，没有让他说下去。此后，我们又做了20几年的朋友，既然是朋友，就应该宽恕他。”

安德森能以德报怨，让战友获得良心上的安宁，可以说是宽容的至高境界。也正是安德鲁的宽容拯救了他和战友两个人，让他们两人的余生没有浪费在怨恨和痛苦中。

当你忘记了怨愤，学会了遗忘和原谅，你就会发现，原来你所认为的那些亲身经历的不公，其实根本不值一提，因为它们在你的一生之中是那么的微不足道。你同时也会认识到，抛开对他人的怨愤之心，你所获得的快乐是一生享受不尽的。相反，如果你内心充满了怨愤，那么只会陷在痛苦的深渊里难以自拔。

当心怀怨愤时，记得提醒自己：怨愤所导致的压力和紧张的情绪，将影响到你的生活质量，而宽恕则能带领你进入欢乐和谐的美好境界，让你的生活充满阳光。宽恕是能够帮助你控制自我情绪的最有力的工具之一。当你学会了宽恕并能熟练地运用宽恕的情怀对待他人的时候，你就会逐渐发现，人生也随之变得快乐幸福。

|04| 别让愤怒控制你的做事方式

西方有句谚语："上帝欲使其灭亡，必先使他疯狂！"愤怒就像决堤的洪水，淹没人的理智，让人做出不可思议的蠢事。

有这样一则寓言故事：

河豚喜欢在桥墩间游来游去，有时不当心，迎头撞在桥墩上，它便怒气勃发，无论如何都不肯走开。它怨恨桥墩，怨恨水流，也怨恨自己——于是，它张开两肋，竖起鳍刺，带着满肚皮的怒气撞向桥墩，结果使自己浮到了水面上，许久都不能动。这时，莺鸟掠过河面，一把抓住圆鼓鼓的河豚，享受了一顿鲜美的午餐。

要是河豚能忍住怒气，离开桥墩，就不会白白葬送性命了。

愤怒是一个人的主观愿望与客观事物相悖时所产生的一种强烈的情绪反应，是当事人的需要得不到满足，或自己的权益受到干扰、妨碍时所产生的不良情绪，它在程度上可以分为不满、生气、愠怒、激愤和暴怒等。愤怒时，人体会调动所有的能量储备，迸发出比平时大得多的生理和心理力量，并且常伴有侵犯性语言或行为。

身体遭受病痛的折磨、言论遭遇反对、权利受到侵犯……生活中存在着许多会诱发愤怒的事件，怀有愤怒情绪是合理的，但任由愤怒发泄而不加以控制就是不理智的行为。在所有不良情绪中，发怒最能削弱一个人的思维能力，使工作陷入僵局。大多情况下发怒不但解决不了问题，而且会激化冲突。

有一个经理非常能干，又很有领导才能，就是脾气太大了。这个经理也知道自己脾气不好，苦思良久，他想到一个办法。他找来一块牌子挂在胸前，上面写上“戒嗔怒”三个字，希望自己从此以后少发脾气。

一天，他经过厂房时突然听见两个女工正在细语交谈：“我们经理的确长得一表人才，精明能干、心地善良，就是脾气太坏了。”听此，经理的火气立马就冲上了脑门，冲上前去把两个女工痛骂一顿，并责问说：“我现在已经很少发脾气了，为什么你们还要在背后批评我呢？你们看这个牌子，上面不是写了‘戒嗔怒’吗？”

两个不甘被骂的女工理直气壮地说：“如果您没有生气，为什么要痛骂我们？”

经理顿时哑口无言。

可见，这位经理嘴上虽然说得很好听，实际上并没有主动控制愤怒的情绪。不发火，说起来容易，做起来却很难。

愤怒是个人强烈的情绪反应，你可以具体地感知到心理与身体的变化。愤怒可以在瞬间被点燃，但灭火却需要相当长的时间。因此，当我们遇到他人发火的情况时，期待他很快就消气是不可能的。耐心地等待，不催促，是让一个人熄火的有效方式。

对于我们自身，想要有效控制愤怒，首先要清楚愤怒之所以出现的原因：

看到愤怒背后深藏的欲望是什么。问自己：我究竟希望他（她）做什么？我想通过愤怒来达到什么目的？

思考令你愤怒的是不是这个事件本身。问自己：我真的是对这个人感到愤怒吗？我愤怒的原因真的是我口中所说的吗？有没有这样的可能，我之所以对他愤怒，是因为对他发火比较安全？

自查：你的愤怒有多少是来自于基本需要没获得满足？你对世界有不满吗？某人或某种情境会让你感到深深的受伤或无助吗？你是否感到没人关心你，没人爱你，非常孤独？你是否认为生活需要更多的快乐和关爱？在上述情况下，你需要找出获得爱和快乐的方法，愤怒才会消失。

反思：愤怒是不是你用来掩饰自己受伤的一种方式？

其次，我们需要学会正视愤怒，并用恰当的方式表达愤怒：

不要害怕愤怒。愤怒本身并不是有害的，只有我们固执地用那些有害的方式表达愤怒时，愤怒才会造成悲剧。

关注愤怒。学会区分短期的愤怒和长期的怨恨。记录你在不同情境下对不同人的愤怒程度，并分清自己的愤怒共有多少种类。这会帮助你在不同的情境下恰当地表达愤怒。

不要假装你没有愤怒。不要通过否认愤怒来麻痹自己。压抑自己不会让问题解决，只会让你感到迷惑、内疚和抑郁。

真诚、负责地表达你的愤怒，不要用暴力的方式。暴力只会带来更多的愤怒、伤害和仇恨。无论是口头的还是躯体的攻击都不能熄灭怒火。告诉别人是什么让你感到愤怒或受伤害，告诉他们你真正希望他们做的是什么。

向他人寻求帮助。把你的愤怒、你的想法告诉另一个人。一个中立的倾听者能帮你理清头绪。

针对让你愤怒的事件而不是人。“这件事真的让我很生气”是针对事件，“你这混蛋，怎么做出这种事情？”就是针对人了。

改善那些让你烦闷的情境。如去排队就带上一本书，利用这段时间学习一下，堵车时就乘机放松一下，可以听听音乐、发发呆。

愤怒的当下请提笔写一封信，可以是写给你发火的对象也可以是写给报刊、杂志或领导。这封信写得越详细越好。把这封信放一天再读一遍，考虑是否真的值得发火。

不要因为一时愤怒造成了不好的结果就指责自己。拿出你发泄愤怒的勇气，去向被伤害者道歉。

每个人都有一些不能表达的愤怒，要替这些情绪找到出口。体育锻炼是一种很好的释放方式：慢跑、打球、在没人的地方大喊大叫等都可以。

第三篇

压力归零

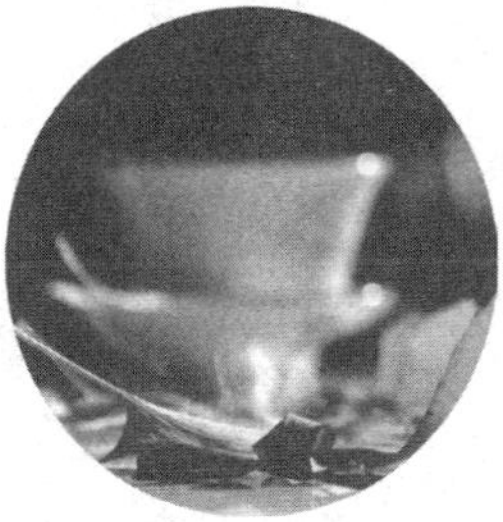

张弛有度，过一种更健康的生活

第十章 从逃避到正视：直面你的压力源

在当今这个飞速发展的时代，压力无处不在。无论在工作中还是在生活里，人们常常都会因压力过大而感到喘不过气来，也常常被易怒、焦躁、不安等负面情绪所左右。但如果我们只一味地逃避，那只会招致更多的压力。所以，我们应该正视压力，积极将它消除！

01 现实的压力：正确认识，合理疏解

生活中，压力无处不在。学业压力、工作压力、经济压力、感情压力、人际压力……我们肩上扛着的种种压力使前进的速度减慢，向前的步伐受到阻碍。

许多奋斗在办公室中的上班族经常会持续地做同一个可怕的梦，比如在梦中咬碎自己的牙齿等。心理咨询处也

经常会接待这一类的患者，并帮他们做心理疏导。

其实，类似于咬碎自己牙齿这样的梦源于周期性压力，咬碎的牙齿代表潜意识中的精神压力，咬碎它们则表示内心极度希望能够破碎这种压力。这是一种焦虑和紧张的表现。因为梦境是人潜意识的表现，如果白天压力很大，得不到及时疏导，那么这种压力就会堆积，久而久之就会在梦中爆发。这也是在提醒当事人：白天生活中的压力其实已经影响到身体健康，你必须重视起来。

我们总希望能够无压力地轻装前进，事实上没有一个人可以做到。现代生活节奏很快，人们的压力也越来越大，多数压力我们不能随时释放，所以面对委屈时不得不隐忍求全，克制情绪，久而久之会形成精神压力，严重时更会影响到健康。

如果空气失去了压力，我们就会因呼吸衰竭而死；如果血液失去了压力，我们就会因关节坏死而瘫痪。这不仅证明了压力存在的必要性，也使我们明白适当的压力不是累赘，而是一针强心剂，能够激发身心的活性。对于这些现实的压力，我们首先需要认识到，适度范围内的压力是无害的。只有超出负荷的压力，才会影响到我们正常的生活。

一批应届毕业生到某鞋厂实习，人事部门将他们两人分成一组，安插到不同的岗位上学习。孔丹与张明亮一同被安排到生产一线进行实习工作。孔丹每天准时上班，认真学习，按部就班地完成每项工作，一切都有条不紊。相反，张明亮性格开朗，有些粗心大意，由于生产线对工艺和针脚的要求都非常苛刻，张明亮经常遭到批评。因此担心过不了试用期的他心理压力徒然增大。为了能够得到这份工作，张明亮愈加卖力工作，他经常加班，可谓是废寝忘食，忙得昏天暗地的他甚至连自己的生日和朋友的聚会都不记得了。但是实习期满后，人事部门决定只留下孔丹，辞退了张明亮。原因是：公司认为，张明亮像一部失控的机器，只会每天发狂地工作，这说明他没有弹性，而公司是不会聘用这样的人的。

当我们感到身心压力过大时，就会和张明亮一样，陷在压力里无法自拔，只知拼命地埋头苦干，甚至忘了这样做的原因，必然无法达到预期的目标。如同和煦的阳光让我们在冬日里感到丝丝暖意，但如果阳光的强度被增加10倍，那么它就会宛如一个火球炙烤着我们，全然没有舒适的感觉。因此，我们一定要让身心充满弹性，积极调节压力，使它处于适度的范围内。

其次，压抑由压力带来的负面情绪是不恰当的做法。很多时候我们都被倡导吞咽情绪，不把负面情绪表现在外，认为这是一种美德，然而殊不知这些憋在心中的情绪并不会消散，而是会以消极方式释放出去，如疾病、精神障碍等，更会影响生活质量。所以，坏情绪宜疏不宜积，寻找恰当的方式将坏情绪合理释放才是正确的。

向外宣泄的同时，我们应该注重培养心灵的弹性，把自己的内心锻炼成柔韧的藤条，学会用灵活多变的心态面对一切。当事业陷入低谷时，保有一颗平常之心，依据自己的兴趣开发新能力，开拓新领域；当感情处于低潮时，依旧泰然处之，做个深呼吸放松身心，全心全意付出的同时也要告诉自己：任何结果我都可以接受。

|02| 内心的恐惧：逃避不如直面

直面你所害怕的一切，恐惧就不再是无法战胜的。

每一个民族都有自己的信仰，这信仰是心灵的慰藉，激励人们更加积极地面对困难和恐惧。北美印第安人就信奉：勇敢面对恐惧，它们就会消退。其实，恐惧是人类一种常见的情绪——遇到困难害怕，遇到阻碍害怕，遇到陌生的情境也会令人害怕。但是，过度恐惧会压制我们正常的思考进而导致做出错误的选择，为生活和工作带来极大的不便。

萧伯纳是一位非常有名的作家，他非常自信，甚至会让人感觉有些自负，所以我们在阅读他的作品时，都会觉得其笔锋极其犀利，现实批判性极强。可事实上，萧伯纳曾经也是个怯懦、脆弱的人。他性格内向，有些害羞，为人处世总是不够自信。有一次，他需要向校长求助一件事，之前他已经在家里对着镜子练习了多次要以什么样的语言、姿态、手势去向校长表达请求。但当他终于鼓足了勇气站在校长室门前，举起手准备敲门时，却犹豫着把手放了下来。不知道为什么，他就是觉得很害羞，总怕说错话会被校长骂出来。

于是他转头打算离开，可走了两步又觉得不甘心，就这样反反复复很多次，最后终于一闭眼睛下定决心，鼓足了勇气敲开了校长室的门。事实证明，校长并没有责备他，反而在听了他的请求后同意帮助他。在这件事之后，萧伯纳很是感慨，他总是害怕自己被别人笑话，总是悲观地想象自己在还没说话的时候就被人鄙视，害怕大家以为他是在出风头，这些想法曾一直折磨着他，他不知道该怎么办，但是理智告诉他不能再这样继续下去了，否则自己将一事无成。他下定决心改变自己。

第一个办法就是在众人面前大声地讲话。一开始他非常害怕，全身都在发抖。后来他鼓足勇气，想着就算装也要装下去。于是他找到一个好办法，就是在演讲的时候直视正前方的空气，并把双手交叉在胸前，上身微微前倾，随后便不断延长自己演讲的时间。慢慢地，他一步一步从怯懦中走了出来，变得越来越自信。与此同时他发现，自己自信了，反而有更多的人愿意来到他身边听他说话了。

每个人都有感到恐惧的事物，重要的是能不能发挥自己的主观能动性来克服恐惧。事实上，我们越恐惧的事物反而来袭得越猛烈。如果我们勇敢努力地面对和克服，那么身上所存在的胆怯因子就会慢慢缩小，直至消逝不见。

很多时候，事情本身并不可怕，是我们自己先找了种种理由，打了退堂鼓。比如，我们学唱歌，总觉得在那么多人面前开口是一件很难为情的事，于是便不敢尝试。其实是否被人嘲笑又有什么关系呢？我们应该换个角度来看问题：唱不好无非就是破音而已，别人最多笑一笑，谁有功夫一直记得自己的糗态呢？而自己练出了胆子，也学会了唱歌，这才是属于自己的收获。事实也证明，敢于开口的人最终都不再怯场，而一开始就畏首畏尾的人最终也开不了口。打破恐惧的第一面墙，后面就会顺利很多。如果你回头遥看曾经，就会发现那些曾经阻挡自己脚步的怯懦，原来是那么微不足道。

|03| 外界的否定：从容对待他人的看法

想要有所成就，就一定不要被别人的想法所左右，就算是面对嘲笑，也要将目标坚持到底。

曾经读到过这样一则寓言故事：鹏鸟心中一直有个志向，就是能够拥有抵御大风大浪的能力，用强有力的臂膀飞向高空。它一直暗暗蓄积着能量，不像普通的雀鸟那样随意张扬歌唱，只是自顾自地锻炼着翅膀的承载力，终于有一天，鹏鸟飞向了太阳，搏击万里。而之前，在枝头休憩的那些雀鸟、知了、螳螂们，一直在嘲笑大鹏鸟，讥讽它不知道享受，明明有可以轻松落脚的枝头，却非要吃那么多苦去追随天空。

然而，我们都明白一个道理："燕雀安知鸿鹄之志哉？"

其他鸟雀的讥讽嘲笑只不过是见识浅薄的表现，大鹏鸟志在千里，它们怎么会理解呢？鹏鸟无视负面嘲笑，坚持自己最终赢得了胜利。这个故事告诉我们，外界的态度不足以影响我们的人生，只有自己才能掌控自己的命运。

苏秦是战国时期非常有名的政治家，但是他幼年时家境十分贫寒。为了维持生计，也为了能够不间断读书，苏秦只能给别人打短工，甚至是卖掉自己的头发，生活凄苦无比。后来，他离开了家乡，来到齐国，拜鬼谷子为师。

年轻人容易轻狂妄为，尤其是苦过来的年轻人，小有成就便急于施展拳脚。苏秦也不例外，学问刚刚有一点起色的时候，便觉得自己可以撑起一片天空，他按捺不住兴奋，速速告别了师友。然而现实的打击很快就来了，几年后他非但没有得到想要的功名，还花光了身上的盘缠，狼狈地回了家。

父母、妻子看到几年未归家的苏秦如此潦倒，难掩失望。嫂子更是毫不遮掩地表示对他的鄙夷，冷言冷语相对。邻居、朋友非但没有同情他，反而变本加厉地奚落他。

苏秦堂堂一个大男人受到这般侮辱，自是又伤心又惭愧，于是终日把自己锁在房间里。在这段自我反省的日子里，他深深认识到，自己之所以会有今天的耻辱是因为自己不争气，太过好高骛远，还没有什么真本事就急于求成。想明白之后，苏秦选择忽视他人的讥讽，重新振作自己。

他博览群书，学得真知，历经多年沉淀，艰苦的过程磨炼了苏秦的意志。后来，他行走六国，说服了多国君主，获得了极大的成功，终于开创了自己的政治生涯，声名显赫。

生活就是这样变幻莫测，时而顺利，时而遭遇挫折，也难免会受到嘲讽和讥笑。同样是面对外界的负面议论，人和人的应对方式却是不一样的。有的人会过于在意别人的看法，自身的勇气也被他人的口水淹没，最终自暴自弃；但有的人却毫不在意别人的说法，反而奋起拼搏，笑到最后。所以，若要成为强者便要笑对负面的评价，如此我们会变得更坚强！

美国总统林肯出生在鞋匠之家，在当时的美国，社会地位决定一切，所以当林肯参选演讲时，他的出身遭到了对手的嘲讽，而林肯从容不迫地反驳道：“我会永远记住我的父亲，即使我做总统也无法像他做鞋匠做得那么好。”

林肯的从容和真诚令在场的所有人为之动容。在回顾父亲时，他流下了眼泪，他对父亲的赞赏和怀念之情无比感人，最终就连一开始嘲笑他的人也对他报以热烈而真诚的掌声。

无独有偶，美国的约翰逊总统也有着类似的经历。他出身裁缝匠之家，在他的就职演讲上，人群中有个人大声地说：“他只是个裁缝匠而已！”这突如其来的奚落没有让约翰逊有半点不快，他同样从容地回应：“我曾经是个十分优秀裁缝匠，我对工作认真负责，并且有极好的职业声誉，我对我的顾客也非常细心和周到。”当他微笑地讲完这番话，民众响起了热烈的掌声。

出身环境对一个人的影响确实很大，但努力和心态往往可以抵御出身环境的不良影响。正如故事中的两位总统一样，他们并未回避他人眼中的“短陷”，而是以从容的态度加以辩护。人人心中都有一杆公正的秤，秉持你认为对的信念，他人自然会认同你，所谓的嘲讽总会被真正的实力所打败。所以，当我们面对他人的挑衅、嘲笑、讥讽时，我们要学会以豁达从容取代愤怒羞怯，有则改之无则加勉，以包容的心态来对待人和事，并执着于自己的既定目标，一步一步走下去。时间终会给予所有人最好的证明。

|04| 繁重的人际：学会合理拒绝

拒绝并不代表弱势，也不意味着逃避或偷懒，相反它正是一种负责任的行为，不仅是对自己，更是对他人负责。

生活和工作中，人们常常会烦恼于纷繁复杂的人际关系，由于不懂得如何拒绝别人的邀约或请求，他们的时间和精力常常被别人的琐事占据，让自己忙碌不堪、身心疲惫。

拒绝请求本是正常的事，但人们碍于面子，常常产生一种“不好意思拒绝对方”的心理。在这所谓的“面子”之下，我们常常对“不”字难以启齿，生怕对方会因此感到生气，更担心如果说了“这件事情我做不到”之后会破坏了自己在别人心目中的形象。所以，在大多数情况下，我们都会半推半就地同意帮忙，这就导致了我们总是心不甘情不愿地去完成一些可有可无的请求。

更可悲的是，一旦没有解决好问题，还可能招致对方的埋怨，费力不讨好。于是你悔不当初，不停地问自己，为什么当时的我就没有勇气大声说“不”呢？

从某种意义上来说，懂得如何拒绝他人也是一件“利人利己”的事情。有句话所言甚是：“当你无法拒绝他人的无理要求时，你其实正是在做一件害人害己的事情。”这里的害人是指助长了他人惰性恶习的养成，害己则是指违心去做不愿意做的事情使自己的压力倍增。

因此，勇敢地说出自己真实的想法和感受非常重要。只有这样，别人才会知道你想要什么、讨厌什么和拒绝什么，这也等于变相地告诉他人：这就是我的心理底线，不要跨越它。否则，你一味地忍让、退步和沉默，人们就会觉得：你喜欢这样而且也心甘情愿，你不会生气发火更不会心存芥蒂。一旦建立了这样的印象，在与他人交往的过程中，双方之间的分寸感就模糊了，你更容易受到伤害。

在戴菲娜上大学一年级的时候，她每月的生活费为5英镑，原本这些钱对她来说绰绰有余，但是她却时常感到拮据。究其原因，就是当同学邀她参加聚会时她一概说“行”，即使这意味着她第二天的午饭就会没了着落，也难以开口说“不”。

一日上午，戴菲娜的姨妈邀请她一起共度午餐时光。但此时的戴菲娜身上只剩下20先令，而且还得依靠它维持到月底，可是她就是无法开口“拒绝”姨妈的邀请！

戴菲娜冥思苦想，终于想到一家合适的小咖啡馆，在那儿每人只需花3先令就可以大餐一顿。如果是这样，到月底为止，她就还剩下14先令可用。

正当戴菲娜带着姨妈走向那家小咖啡馆的时候，姨妈突然用手指着街对面一家名为“典雅咖啡厅”的高级咖啡厅说：“去那儿吧。那家咖啡厅看上去挺好的。”

“嗯，好啊。”戴菲娜虽然嘴上这样说着，心里却在暗暗嘀咕：亲爱的姨妈，我没有那么多钱，去不起那样豪华的地方，那儿太昂贵了！当侍者拿来菜单后，她的姨妈看了一遍后便先后点了几道菜单上比较昂贵的菜，总共花费20先令。

戴菲娜虽然十分忧虑，但她依然没有说一个“不”字，即使她连在结账时应该付给侍者的1先令也掏不出来。姨妈看了一眼桌面，又瞅了一眼戴菲娜。突然开口问道：“大学期间，你还在学语言吗？”

“是的。”

“那么，在所有的语言当中，最难念的是哪个字？”

“最难念？我不清楚。”戴菲娜一脸的茫然。

“最难念的就是‘不’这个字。”她的姨妈解释道，“随着你逐渐长大成人，你必须懂得何时说‘不’——即使对象是你非常亲近的人。其实我早就看出来你没有足够的钱来这家咖啡厅吃饭，但我就是想让你从中吸取教训，所以我点了好多昂贵的东西，而且时时注意着你的表情变化——我可怜的孩子！”言毕，姨妈付了账，并交给戴菲娜5镑作为礼物。

你并不是“超人”，也不可能让所有人都感到满意。所以不论何时，当别人向你提出请求时，一定要先衡量自身的能力再做决定。在该说不时就应该大声说出来！

懂得拒绝别人，我们才能更加坦率，更加忠于自己。正如有句话所言：当别人坦率的时候，你也应该更加坦率，你没有必要替别人付晚餐账，更不必为他人的无病呻吟而伤心流泪。学会拒绝他人吧，不要再为讨好别人而勉强自己，也不要再为他人之愿所累，更不要做他人思想的奴隶！

第十一章 运用积极的自我暗示，给自己正向力量

《相信自己》中有这样几句歌词：“只因为始终相信，去拼搏才能胜利，总是在鼓舞自己，要成功就得努力。”歌词中运用的就是暗示的力量。不管是成功还是失败，开心或是悲伤，只要相信自己，并不断给予自己积极的暗示，我们就可以战胜一切，收获崭新的人生！

|01| 每个人都会受到心理暗示的影响

每个人都或多或少地会受到暗示，这是人类所共有的心理特性，是在人类进化过程中自发形成的一种无意识的自我保护能力。

有一位先生是一名严重的失眠患者，常年失眠令他痛

苦万分。在一次偶然的机会下，他认识了一名医生。医生只给他一片安眠药，说："吃了它，你今晚就不会失眠了。"果然如医生所说，那一夜他安然入睡，一觉到天明。

在接下来的两年时间里，他每天都从医生那里拿一片药。渐渐地，他的失眠痊愈了。然而他不知道的是，除了第一天吃的是安眠药外，其余的全都是最普通的维生素。

还有这样一个故事：

一个哮喘病人独自外出旅行，途中在一个旅馆内投宿。睡至半夜，他哮喘的老毛病发作。靠坐在床边的他感到呼吸不畅、胸部发闷。在黑暗中摸索了好一阵子，他终于找到了窗户。

然而糟糕的是，他无论如何用力都打不开那扇窗户。情急之下，他挥拳打碎了窗户的玻璃。顿时，他感觉到了扑面而来的凉爽空气。他探身对着被击碎的窗口做深呼吸，感觉到胸闷的症状明显好转。随后他摸索着回床躺下，不一会儿就再次睡着了。

第二天醒来后，他惊奇地发现，昨天被自己一拳打碎的竟是墙上那只挂钟的玻璃。

上述案例都与暗示有关。心理学家巴甫洛夫认为：暗示是人类最简单、最典型的条件反射。从心理机制的角度来看，心理暗示只是一种被主观意愿肯定的假设，不一定有真凭实据，但由于主观意愿肯定了它，心理上便竭力朝它努力。

现如今，心理暗示已被广泛应用于生活中。比如，美国有一种戒烟电话，当戒烟者犯烟瘾时，他就会拨打一个特定的号码，随即就会听到难以忍受的气喘声和咳嗽声。在生活的其他领域中，也有管理者运用心理暗示成功提高销量的例子。

由于适销对路，市场需求量越来越大，产量问题成为某厂领导目前最关心的问题。为此，他近日频繁到车间查看生产情况。

一次，在查看完生产情况后，他在生产车间的公告栏上写道:“今天的生产量小张第一，总计400件。”三天过后，他又在公告栏上写道:“今天的生产量小王第一，总计480件。”

就这样持续了一个月，月末时产品的总量竟然比往月整整多了3万件。这不仅满足了产品的需求量，更使整个生产车间形成了你追我赶、相互竞争的良好氛围，工人们个个精神抖擞，有种不认输的工作热情。

这个故事中，厂领导在公告栏上写的话实际上就起到了心理暗示的作用，它在暗示车间的其他人员还得更努力，朝产量第一的员工看齐。这样生产车间的每个人都产生了压力，车间的产量自然是迅速增长。

心理暗示可以通过改变人的心理状态进而影响人的行为状态。在生活和工作中，合理运用心理暗示将会为生活和自己带来极大的助益。

|02| 坚信自己可以胜任工作，告诉自己“我可以”

如果你希望自己可以完美解决问题，提高工作业绩，与同事和睦相处，受到下属拥护，得到领导赏识，那么首先请坚信，你一定可以做到。

小芳在一家公司担任文秘。有一天经理让她重打一封长信，小芳很不耐烦地说改一改就好，不用重打。这时经理沉着脸对她说：“如果你不愿意干，还有很多爱干的人！”

小芳觉得经理是在威胁她，心里很憋气，但是转念一想，经理说的也在理，公司付给自己薪水，就是让自己好好为公司效劳。

原本，她并不喜欢这份工作，但她决定从现在开始，努力爱上这份工作，于是她每天都在心里对自己说：“我喜欢这份工作！”过了一段时间，她发现自己真的爱上了这份工作，工作效率大大提高。

有句绕口令说得很有意思：说你行，你就行，不行也行；说你不行，你就不行，行也不行。同样，在日本也有一句广为流传的话：“一个人如果有成功的决心，那他已经成功了一半，如果总是担心自己失败，那他成功的可能也就已经失去了一半。”

成功的决心是一种积极的暗示，因为决心成功的人必定会不断告诉自己：“我能行，我最棒，成功一定属于我。”这种积极的暗示会让自己以更加向上、热情和自信的状态去实现目标。相反，如果一个人遇事只能看到消极的一面，认准自己不行，那么长期处于这种心态之下，他就会在不知不觉间产生心理阻力。随之产生的压力就会牢牢地压垮他。

心理学家的很多实验都证明着消极暗示会带来不良结

果。比如，在实验室里，心理学家让被实验者反复、大量地喝糖水，后经检验，发现其出现血糖增高、糖尿且尿量增多等生理变化。后来，不再给被实验者糖水，只是用语言暗示，但还是出现了同样的生理变化。

所以，在工作中，学会以积极的心理暗示取代消极的心理暗示是非常必要的。对于现代人来说，忙碌、高压的生活起反作用已经司空见惯，如果我们用错了自我暗示，凡事悲观、消极，那么只会适得其反，不但不能消除压力、解决问题，反而会使自己背负更沉重的思想包袱。相信自己，才会有好的结果、积极的回报。那么，当工作出现问题时，我们该如何用暗示法为自己排忧解难呢？

1. 告诉自己：工作有问题也是一种机遇

工作的本质就是解决问题，所以遇到困难不必大惊小怪，也不必怨天尤人，更不必抱怨为什么不幸的总是自己。因为工作中出现问题才能展现自身的能力，如果能妥善处理，那么一定会得到更多更大的发展机会。因此，工作中有问题可能代表着一次机遇，我们不应该消极躲避而要努力解决。

2. 欣然接受问题的出现

当意识到问题可能转化为一个机会时，我们的心态也会随之变得乐观起来。欣然接受问题的出现是处理好问题的第一步。如果我们在问题面前犹豫不决，就会失去勇气与信心。而一旦我们欣然接受，身体的无限潜能就会被激发出来。

3. 看向问题好的一面

解决每个问题，都将得到一个收获，比如积累了成功处理问题的经验、提升了自身能力、展示了自己的才能等。所以，在问题面前，多朝好的方向想想，就不会由于问题的不请自来而气愤。

|03| 利用信念的强大影响，锻炼内心力量

信念，这股强大的力量，能够使人们在面对黑暗和恐惧时不再害怕，它如同一盏明灯照亮前进的道路，增强我们对未来的信心与热情。

美国的《人物》周刊曾经破天荒地把封面图案定为一只狗，并在书中对它进行了这样的描述："它作为一种力量，降临在当今浮躁的美国，它是一盏路灯，照耀着任何一位迷失者的前方，笃定而快乐；它是一种幸福，隐藏起眼泪和悲伤，只显露笑容与歌声。它是一只名为Faith（信念）的狗，一只像人一样用两条腿直立行走的狗。"

原来，这只名叫Faith的小狗生来就是残疾，因为没有前腿，它的妈妈嫌弃它并拒绝哺育，而它的主人也认为它无法继续存活准备把它安乐死。这时，另外一个家庭发

现了它并毫不犹豫地将它收养。这一家人对小狗的坚强健康深信不疑，于是为它取名Faith。从此，Faith就锻炼和人一样用两条腿走路，它每一天都快乐坚强。

很快，Faith的故事在当地流传开来，很多机构都竞相邀请它和它的主人。在医院，忍受病痛的人们因为Faith重新拥有勇气战胜病魔；在少年管教所，顽劣的孩子们因为Faith而备受感动，迷途知返；在养老院，孤寡老人们因为Faith而重获温暖，露出久违的笑容……一只残疾的小狗告诉人类：即使没有双腿，一生风景也可以美丽！无论我们遇到任何不幸与灾难，只要心中有信念，都会看到希望与生机。

卡尔·西蒙顿博士是美国著名的癌症医生，他主张用精神的力量战胜病魔，并成功运用“想象疗法”治愈了自身的皮肤癌。在一次公开课上，他对自己的学生和患者们这样说道：“为什么化疗只适用于某些病人？为什么食疗或吃药也不一定能挽救生命？人们之所以能从癌症中康复，除了药物治疗信念也在发挥作用。病人如果真心相信治疗方法，就会因为接受治疗而产生希望，并积极地面对未来的生活。这种心态会直接作用于大脑，产生有利于免疫系统的激素与化学物质，从而主动进行身体修复。因此，身为医护人员的我们，必须不断激励患者，帮助其树立积极的信念，以此激发他们深藏的强大自身修复能力。”

爱因斯坦曾说过：“有百折不挠的信念所支持的人的意志，比那些似乎是无敌的物质力量有更强大的威力。”信念是内心的火种，是身心强大的支撑力。当我们树立起积极正面的信念后，就会像一个闪烁着的发光体，不仅温暖他人，给予其更多的力量与勇气，更照亮他们前行的路。信念是每个人自身的财富，千万不要将其交给他人保管。

一位少女满面愁容地来到心理诊所，对咨询师说：“男朋友要和我分手，我不想活了。”听到这话，咨询师露出惊讶的表情。眼前的女孩正处在花样年纪，为什么会有轻生的念头呢？咨询师请她说说自己的故事。

女孩哽咽道：“他是我的学长，也是我上学时的暗恋对象。毕业那天，他向我告白，说全天下最可爱的女孩非我莫属，他想一辈子照顾我、爱护我。虽然我知道当时的自己一定不是全天下最可爱的女孩，但是我愿意努力。在一起的日子里，我努力朝着更加可爱的方向改变，讨他欢心。可是仅仅两个月，他就提出分手，还说已经另有新欢。曾经的山盟海誓、甜言蜜语还历历在目，如今说不爱就不爱、说分手就分手，我实在不能接受。”

生活中像案例中的女孩一样，不知不觉中把自己的信念转交给他人的人比比皆是。比如说，一个青年男子虽性格内向，但对待工作谨慎认真，解决了很多紧急事故，因此在公司中有了“全能人才”的称号。为了让自己对得起“全能人才”这个称号，他积极参加各种讲演和选秀活动来克服表达力差的缺点，但结果都以失败收场。于是，他从此一蹶不振、颓废消极，甚至连本职工作都不能完成，变成了一个真正意义上的失败者。

再比如，一个女孩总被同学们说长相一般，不够漂亮，于是她也默认了自己不美丽，从此以后，面容愁苦，举止局促，整个人陷入沮丧和自卑的泥沼当中，无法自拔，失去了原有的活力。

生活是一个多面体，只有我们自己才能看透自己，所以来自他人的评价不可能是完全客观的。我们没有必要把自己的信念转交给他人，自己的信念应该由自己掌握。否则，总会因他人的评价而影响自己的意志与行为，变得悲痛和绝望，最后在疲惫不堪中逐渐崩溃。

作家塞缪尔·约翰逊曾说过："伟大的作品不是靠力量，而是靠坚持来完成的。"人生就像是一本小说，我们每个人都是小说的作者。如果一个人把信念转交给他人，那他的小说情节一定充满凶险、步步惊心、悲剧收场。只有把信念掌握在自己手中，并正确用其支撑心灵的人，才能储藏勇气、汇聚智慧、积攒经验，撰写出一部辞藻华美、无与伦比的人生篇章。

|04| 摆脱自卑对身心的束缚

人人都能看到，自卑到自信的路上荆棘遍布，只要你相信自己并努力改变，就一定能克服自卑。

众所周知，自信会让人变得美丽，变得快乐。即便如此，仍有很多人难以走出自卑的阴影。有调查显示，自卑是一种普遍存在的心理现象，大多由于意识到自己某方面不如人、能力不够强，并为此感到烦恼。

凡人也好，伟人也罢，都会或多或少地产生自卑心理。当自卑心理过盛时它就会转化为一种消极的心理状态，从而吞噬掉人们的快乐，阻碍人们聪明才智的发挥，限制人们的创造力，严重时还会引发自闭、抑郁等。所以，自卑是我们人生路上的一大绊脚石。

奥地利著名心理分析学家A.阿德勒在《自卑与超越》一书中曾提出过一个极富创新性的观点，他认为，人类的一切行为都来源于“自卑感”以及克服和超越“自卑感”。人们总是习惯把“我不好”“我不行”等诸如此类的标签贴在自己身上，或许这就是人类自卑的根源所在。这种心理暗示一旦产生就很难摆脱，而且你可能没有意识到这就是敏感、压力的源头。所以，如果你想坦然面对生活，不断靠近自己的梦想，就必须要克服自卑，超越自卑，把“我不好”“我不行”等标签彻底撕掉。

在美国密歇根州的一所山村小学里，一位老师给同学们上了一堂特殊的课。老师要求全班每个同学都以“我不能……”开头，列举出自己认为做不到的事情，比如“我不能考到满分”“我不能让人人都喜欢我”“我不能在运动会上得冠军”……

半节课过去了，很多同学都写了不少的“我不能”，更有同学几乎写满了两张纸。这时老师要求大家把写好的纸条对折后投进讲台前的一个事先准备好的空鞋盒里。

学生们相继投完纸条后，老师也把自己的纸条投了进去。然后，她拿着盒子，带领全班同学走出教室来到操场，并在操场的角落里挖了一个洞。学生们对老师的举动好奇不已，只见老师把那个盒子深深地埋进了那个“墓穴”里。

这时老师注视着围绕在这块“墓地”四周的学生们说：“孩子们，现在请你们手拉手，低头默哀。”

有些孩子恍然大悟，开始明白了老师的用意。于是学生们很快便手手相牵，围绕“墓地”组成一个圆圈，然后都低下头。只听老师沉重地说道：“朋友们，今天是‘我不能’先生的葬礼，在此我很荣幸能够邀请到各位前来参加。这位曾与我们朝夕相伴的‘我不能’先生在世的时候，对我们每个人的生活都有影响，有时他的影响之大远超任何人。从今天开始，‘我不能’先生将长眠于此，希望他能够安息。同时，我们希望他的兄弟姐妹‘我能行’‘我愿意’‘我最棒’等能够继承他的事业，陪伴我们左右。最后祝愿‘我不能’先生安息，也希望我们每一个人都能够精神抖擞，勇往直前！”

从心理学角度出发，自卑是一种消极的自我评价或自我意识。一个自卑的人往往不能对自己的形象、能力和品质做出准确的评价，总是习惯用自己的不足对抗别人的强处，这样便会觉得自己事事不如人，抬不起头来，进而越来越没有自信。那么，究竟怎样才能摆脱自卑的束缚呢？心理学家给出了以下几点建议：

1. 了解自己的优缺点

把自己的特长、优势、能力全部罗列出来，哪怕是再微不足道的项目也不要漏掉。随后再罗列出自己的弱项，并采取以下两种途径积极地补偿：一是以勤补拙，知道自己在某些方面不如人，就要卸下思想包袱，以最大的决心和顽强的毅力，勤奋好学，提升自我；二是取长补短，对于一些如生理缺陷等无法改变的事情，我们要学会取长补短，从其他方面寻求突破。你要相信，上帝给了你一短，必定就会补给你一长，但是需要你自己去发现和拓展。

2. 分析自卑心理产生的原因

每个人的自卑情绪都事出有因。我们一定要怀有“打破砂锅问到底”的精神，对引发自卑心态产生的深层原因进行分析。有的放矢地改善自卑往往能事半功倍。

3. 看看自己胜利的纪念品

当具有纪念价值的物品出现在我们的面前时，往往会勾起我们无限的联想。比如，当你看到奖状、奖杯时，便会回忆起以往获得胜利时的情景，这些回忆通常会再次点燃你内心的自信，帮助你克服自卑的情绪。

4. 对自己说“我很重要”

“我很重要！”这句话虽然平常，可是又有多少人有勇气昂首挺胸地向别人郑重宣告。从出生以来，“我很平凡”“我不重要”的思想便不断被输入我们的大脑。作为一名普通的学生，在团体的荣誉面前，我们似乎不够重要；

作为一名平凡的士兵，在辉煌的胜利面前，我们好像也不太重要；作为一个微小的生命个体，在浩瀚无垠的宇宙面前，我们更是微不足道。可是，我们真的那么不起眼、那么卑微、那么不重要吗？世界知名交响乐指挥家小泽征尔用自己的亲身经历告诉我们，重视自我对成功的意义巨大。

在一次世界优秀指挥家大赛上，参赛选手们都需要按照给定乐谱进行指挥演奏。但在演奏时，小泽征尔突然发现乐曲中有不和谐的音符出现。一开始，他以为是乐队演奏出了问题，就指挥着重来一遍，不过这一次他仍觉得不对。这时，在场的所有权威人士都郑重声明乐谱是正确的，一切不和谐都是小泽征尔的错觉而已。

在这庄严恢宏的音乐厅内，面对上百名国际音乐大师和权威人士的否定，他也不免对自己的判断产生了怀疑，但是他思考再三，还是决定相信自己的判断，于是他大吼一声："不对，乐谱一定错了！"他的话音刚落，评审裁判台上就响起了如雷般热烈的掌声，评审委员们纷纷祝贺他勇夺第一。原来，这是他们故意设计好的考核内容。

每个人都是自己人生舞台上的主角，我们应该相信自己并坚定地告诉所有观众：“我很重要！”因为这四个字会成为一种信念，强有力地支撑着我们的内心世界，让我们远离软弱和恐惧，无论何时何地都能保持清醒，勇往直前。

正如拿破仑说过的：“一个人应该信赖自己，那么即使在危急关头，你也会对自己的勇敢与毅力深信不疑。”因为相信自己就等同于肯定自己、接受自己，只有积极地接纳自我，才能对生活的挑战无所畏惧。

|05| 不在想象中夸大事情的严重性

有时，我们会将小事对于学习、生活、工作、健康的影响力人为地扩大，忽视了事情的原貌。

大约半个世纪前，在美国纽约举办了一场世界台球冠军争夺赛。其中，一位名叫路易斯·福克斯的参赛选手胸有成竹，因为他的成绩远超对手，这次只要能正常发挥便可以摘得桂冠。然而，就在路易斯准备全力以赴拿下比赛时，让人意料不到的事情发生了：一只苍蝇停落在了主球上。

起初，路易斯对于这只前来“凑热闹”的苍蝇并没有在意，他伸出胳膊下意识地赶走了苍蝇。可是，当他的目光再次落到主球上时，那只苍蝇又落到了主球上，路易斯又挥手赶跑了它。然而，这只苍蝇就像故意要和他作对一样，就在路易斯再一次俯身准备打球的时候，苍蝇又落到了主球上。

此时，只听观众席上发出了一阵笑声，这笑声在路易斯听来就像是对他的嘲笑。路易斯恼羞成怒，当那只苍蝇再一次到来时，他愤怒地用球杆去击打苍蝇。结果，路易斯一不小心让球杆碰动了主球。随之，裁判判他击球，他因此失去了一轮机会。

这一令所有人都感到意外的事发生之后，原以为败局已定的路易斯的竞争对手约翰·迪瑞勇气大增，连连过关；而路易斯则在失控的情绪状态下接连失利，最终和冠军宝座无缘。

人心非常奇妙，既可以容纳大事，也可以无限放大小事。更奇怪的是，人们还总会因为一些鸡毛蒜皮的小事而发狂，想得过于严重，觉得这个事情如果不能得到解决就无法继续生活下去。其实仔细回想一下，这些事情真的有想象中那么严重吗？

在丹麦，有一个铁匠生活非常困窘，他每天都在担心："万一我挣的钱都花光了怎么办？""如果我生病无法工作了怎么办？"日积月累，忧思成疾，终于有一天，他晕倒在了路边。

一个路人听他讲完自己的情况后，万分怜悯，将自己随身携带的一条金项链送给了他，并叮嘱他不到万不得已不要出卖。铁匠感激地收下了，自此有了生活的信心。因为万一真的穷得不行时，他还有金链子。渐渐地，他的精神状况大有改观，努力地工作生活，家庭也逐渐富裕起来。

突然有一天，他想起那条项链，打算拿到首饰店估一下价，结果让他瞠目结舌：这条项链根本不是金的，而是铜制品，价钱便宜得不值一提。原来，那个路人真正想要给他的不是物质财富，而是一剂医治忧虑的"药方"。

是啊，在生活和工作中，我们的许多忧虑实际上并不会发生。放下对那些无谓小事的忧虑，反而能让生活和工作向着更好的方向发展。

当再次遇到麻烦时，不妨改变自己的思维模式，试着做一下“不会怎样”的练习：把“如果……那就糟了”改成“如果……又不会怎样”。比如，把“如果我向他表白，他拒绝我的话那就糟了”变成“如果我向他表白，即使他拒绝我也不会怎样，最多就是他知道自己多了一个倾慕者罢了”；把“如果下个月房租涨价的话那就糟了”改成“如果房租涨价又不会怎样，在合理的范围内接受就好，太贵的话就另寻他处”。通过这种方式，我们便可以使身心慢慢放松下来，让原本简单且无关紧要的事不会因想象变得过于复杂和严重，从而影响到现实生活。

第十二章 掌握生活减压小技巧，张弛有度更健康

压力是影响疾病发生、发展和预后的重要因素之一。如若没有适当的方式来排解，很容易导致精神性疾病和心理失衡，影响正常有序的生活。实际上，压力都是由小到大积累而来的，发现压力情绪，找到适合自己的解压方式，注意平时的压力管理，就能有效避免过度压力对生活造成的干扰。

|01| 每天专心做一件与工作无关的小事

小事解压其实是一种“主动干预”法，即主动用一些简单的小事、琐事中断正在承受重压的机体。

一位高管因长期的工作压力造成神经紧张，要依靠安眠药维持睡眠，他不得已去看心理医生，但始终都无好转。

后来心理医生建议他每天找一件与工作无关联的小事，全身心去做，其他什么都不要想。可是这位高管表示，他平时工作真的很忙，甚至都想不起来除了工作以外还能有什么小事。其实这已经表明他的压力来源，他除了各种工作还有大小应酬，根本没有自己的时间，压力能不大吗？后来心理医生送了他一盆花，让他摆在办公桌上，并叮嘱他每天至少要用十分钟的时间来擦洗叶面，并对着盆栽做10次深呼吸。一开始他不解，也不想做，但在医生的强烈坚持下他半信半疑地照做了一个月。后来发现，效果很神奇，睡眠果然好多了，能明显感觉到自己的紧张神经在慢慢缓解。

一只充满气体的气球是经不起外力轻轻一戳的，因为它已经没有了任何可以容纳弹性的空间。人也是一样的，要始终给自己保留空间，不能长期紧张，不能允许各种负面的压力和情绪一直围绕着自己，一旦压力过大，就会像那只充满气的气球一样，一戳即破。利用小事情解压，并不意味着让工作懈怠，而是通过短暂的休整让自己重新找回原有的工作状态，达到事半功倍的效果。

国外也有类似成功的例子，一位商人深谙“小事解压”的道理，所以每一次在发觉自己陷入不好的状态，感觉到压力很大的时候，他就开始做十字绣，这是一件简单又枯燥的事情，然后他又发掘了其他更无聊的事情，如削铅笔、折纸，甚至用手机拍照，等等。不论何时何地，他都会用这样的小花样去排解当前的压力和精神紧张。久而久之他的心态变得十分平和，天大的事情也可以用这种做小事的心态来面对了。

|02| 适合舒缓久坐办公室压力的小动作

瑜伽、按摩等运动方式简单方便，不仅有益于身体健康，还可以舒缓压力。

随着经济的快速发展，人们虽然在物质生活上越来越富有，但身体却每况愈下。每天都坐在办公室里的白领们，少有时间锻炼身体，正好适用瑜伽、按摩等运动方式。除了有益于身体健康外，这些简单方便的运动还可以舒缓压力，保持身心平衡。下面为常坐办公室的人们推荐一些可以随时做的小动作。

1. 办公室里做甩手运动

在办公室里，原地起立、甩手并轻轻拍打身体的各个部位，也会起到舒缓工作压力的作用。因为拍打是一种极佳的自我按摩方式，可以使身体内部的各个经络和器官发生震动，得到放松。而且经常拍打身体还可以减少颈椎病、腰椎病的发作率。

2. 电脑前做抬头运动

长期面对电脑工作时可以做一做抬头运动：挺直背部，在保持头部舒适的情况下尽量向上抬，维持10秒钟，然后缓缓地低头，直到下巴抵到胸口，再维持10秒钟，在没有感到不适的情况下重复上述动作10次。

3. 早上醒来做伸展运动

我们可以随时做一些小动作，比如早上醒来时，把枕头垫在腰部做伸展运动：两手尽力向头上伸直并努力舒展全身。这时人体的肋骨会上拉、胸腔会扩大、呼吸会深入，大部分肌肉也会收缩，从而加快血液循环，达到提神醒脑的目的。

当然，这些只是无数小动作中的一部分，由于篇幅有限，就不在此节中一一陈述了。对于以上这些小动作，我们不妨在工作闲暇之余尝试一下，相信一定会对改善工作压力和不良情绪有所帮助。

|03| 运用呼吸运动减缓压力

呼吸是缓解压力、放松自我的最佳方法，同时也是最易掌握的一项运动。交替呼吸法不仅可以宁静心神、舒缓压力，同时还可以增强人体的心肺功能。

古希腊名医希波克拉底曾说过：“生命和健康的四大源泉就是阳光、空气、水和运动。”时至今日这句名言已经流传了2500年之久。的确，生命的基础就是运动，因为它可以改善心血管功能，增强骨骼机能，促进人体发育，塑造完美体形；它还可以增强神经系统反应的灵敏度与动作的协调性，充分发挥体内各种机能的作用。

爱好运动的人都知道，在运动完后进行放松的时候，深呼吸可以帮助自己尽快恢复到正常心率。当人十分紧张的时候深呼吸几次，心情也会得到放松。所以对于那些在职场中压力缠身的人来说，学习一些呼吸减压法也是有益身心的。

呼吸减压法的原理是深呼吸不仅可以促进人体内部与外界之间的氧气交换，还能减缓心跳，降低血压，并将人的注意力从压抑的环境中转移出来，从而保持镇静。

呼吸减压法实施比较简单，时间、地点都没有限制。我们可以随时练习，比如在上班的路上、吃饭之前、运动的时候都是可以的。具体的时间可以由练习者自行安排。下面介绍几个需要注意的小技巧：

第一，身穿宽松的衣服，舒适地在地上坐下或躺下，尽量挺直背部。用鼻子缓慢而均匀地呼吸，手指轻放在下腹上，以便了解呼吸最远可至哪里，下腹渐渐有扩张之感，然后腹内的废气被肋骨部位压迫出来。

第二，吐气时只要依照上述过程即可，然后重复循环，在结束时轻轻地收紧下腹，使腹内的废气全部排出。

第三，不要过于着急，更不要超出自己的肺负荷量。按照一定的规律呼吸，呼气与吸气的用时相同，时间大约是数出 3 个数字的长度，当呼吸容量增大时，时间也可随之变长一点。

第四，减缓呼吸速度，吸气 7 秒钟，吐气 8 秒钟，每分钟呼吸 4 次，连续两分钟后，紧张感就会消失不见。

经常做呼吸运动可以增加我们的肺活量，下面为大家介绍三种常见的提高肺活量的方法：

第一，深呼吸法。首先用鼻孔慢慢地吸气，注意在吸气过程中，由于胸廓向上，横膈膜向下，所以腹部会慢慢鼓起。然后继续吸气，使空气同样进入肺的上部，这个过程大约需要 5 秒钟，最后屏住呼吸坚持同样的时间。

第二，静呼吸法。将右鼻孔用右手大拇指按住，用左鼻孔慢慢地呼吸，有意识地想象空气流向前额。当肺部被空气充满时，用右手的食指和中指按住左鼻孔，屏住呼吸10秒钟后再呼出。然后按住左鼻孔以相同的方式重新开始。每边各做5次。

第三，睡眠呼吸法。平躺在床上，两手在身体两侧平放，闭上双眼开始做深呼吸运动。慢慢抬起双臂举过头顶，必须做到双臂紧贴两耳，手指触碰床头。这一过程大约用时10秒钟，双臂同时慢慢放下，如此反复10次。这个方法还有助于更快入睡。

呼吸运动能够有效地改善呼吸功能，加快血液循环，缓解心脏负担。所以正被压力所困的人们一定不要错过。

|04| 读好书，少烦恼

一本好书就像是一位可以疏导心灵的医师。当你阅读它时，很快便能进入一种忘我的境界，心中的烦闷也会随之不见。

每天都在忙忙忙、烦烦烦的状态下，很多人几乎没有多余的时间看书陶冶心灵了。对于他们来说，书只不过是一个单纯的实用工具，看过就可以扔掉。可事实真的是这样吗？其实不然。

我们的情操会因阅读一本好书而得到陶冶。西汉时期，刘向也曾提出："书犹药也，善读之可以医愚。"这里的"医愚"，就是指启蒙心智、增长见闻。一个人拥有越高的智慧、越广的见识，就会看得越远、想得越开。心胸变得宽阔，不再患得患失，就能够排解日常生活中的各种烦恼忧愁，保持健康向上的心态，从而达到治病强身的效果。

读书还能够提高修养、转变性情、净化心灵。对于文章里的人情世故、善恶美丑，如果我们可以认真阅读、深入思考、细心观察、慢慢品味，就能从中学会弃恶从善、辨伪识真，从而提升自身的修养和气质。

不仅如此，读书还有助于养心。因为人们在阅读时，大脑的视觉中枢会接收由视神经传来的眼睛所看到的内容，这样全身的组织细胞就会产生良好的共振现象。此时，人体拥有更加整齐的生物节律，能够激发更多的生物潜能，从而使生理机能处于最佳状态。

但是阅读为什么能够调节身心、缓解压力呢？原来人首先从大脑开始衰老，而阅读恰好能够充分活动大脑，如同在做大脑保健操，完好地保养着脑细胞，使之维持长久旺盛的活力，进而让全身各部位在大脑灵活自如的指挥下进行正常的工作。

读书既可以丰富我们的智慧，又能够替我们排忧解难。忙碌的你，如果每天都能挤出一些时间看书，那么你的心灵一定会从中得到净化。当我们因忧愁、愤怒或是烦躁而感到困扰时，我们可以通过读书舒缓情绪，使心境恢复恬静乐观。书是一个宿营地，它能够使你的灵魂得到安放，梦想得以放飞；书又是一个百草园，它能够使你的精神得到医治，创伤得以愈合。

那么，我们该如何在百忙之中安排好自己的读书计划呢？

放几本食谱类图书在厨房里，如《家有妙招》《一碗好汤》《食物是最好的药》都是不错的选择。每天做饭时看一看，学做有营养、有特色的饭菜，坚持下去，生活更有趣味。

放一些休闲类图书、杂志在客厅中。每天下班回到家，在闲暇时翻阅一下，也是一种不错的放松休闲方式。

放两本喜欢的书在床头上，睡前阅读 1 小时，避免了看手机影响睡眠质量，也实现了碎片化阅读的目标。

静下心来享受阅读吧！不论是读一首激扬向上的好诗，还是一本振奋人心的传记，抑或是一些感悟人生的小品文，你都能有所收获。生命需要被不断更新，用好书多多丰盈自己的精神世界吧。

|05| 正确运用冥想，为心灵解压

冥想可以解决各种精神问题，也可以增强记忆力、提高反应能力，使思维趋于清晰冷静，收获内心的安宁和快乐。

冥想是自我催眠的另一种形式，是一种通过处于深度的宁静状态而放松身心的方法，实验证明，当一个人产生紧张或烦闷感时，β 波就频繁出现，这也是生活环境病、各种精神性疾病产生的原因之一。而当我们的左脑因冥想而平静下来时，脑波便会自然地呈现为有规律的 α 波，同时人们会产生源源不断的想象力、创造力与灵感，大幅度提高对事物的判断力和理解力，从而使身心更加安定、愉悦。

那么，我们应该如何正确运用冥想来为自己的心灵解

压呢？下面就为大家介绍几种简单的冥想方法。

1．呼吸冥想法

具体做法：将意识集中在呼吸上，关注自己的呼吸方式，感受用鼻孔呼吸，想象自己吸入的都是精力，而呼出全是压力，并且尽量使呼吸深长而缓慢。在刚开始练习的时候，可能会出现很多不同的想法，但不要试图让它们停止，任它们在脑海中流过，然后再次集中注意力在呼吸上。

2．默念冥想法

具体做法：静坐下来，深呼吸，同时集中注意力在内心语言上，并在心中缓慢地重复默念。如果不小心走神了，只要慢慢将思绪重新拉回来即可。当你想要停止冥想时，让自己慢慢清醒过来，重回现实。

3．蜡烛冥想法

具体做法：点燃一根蜡烛，然后相对而坐，将自己的注意力和目光全部集中在蜡烛的火苗上，凝视它，并观察火苗的移动以及焰心的颜色，注意目光最好与烛光平齐。如果走神或者思维开始涣散，就重新将思绪慢慢拉回到火苗上。

4．意念冥想法

具体做法：待在安静的地方，自由地想象着如海边、森林、草原等美丽的景象。不仅仅要用眼睛看，更要用耳朵听，用鼻子闻，使自己如同身临其境，全身心地感受一切。同时，告诉自己：在那里，我们可以慰藉自己受伤的心灵，释放所有的压力和紧张，使自己的身体变得更加轻盈、柔软、平和并且温暖。

冥想中的我们，必须要集中注意力，调整呼吸，同时也可以利用一些瑜伽式的身体姿势，这样可以确保我们尽量避免受到外部刺激，从而使内心产生某种特定的表象，或呈现放空状态，达到放松身心的目的。

|06| 听听音乐，舒缓紧张的情绪

音乐不仅可以抚慰我们受伤的心灵，并与之产生共鸣，更可以释放出心中的不良情绪，使我们焦躁不安的内心重归平静。

音乐通过深入到人们的情感世界和潜意识以达到左右情绪、治疗心理的目的。同时，我们也可以利用音乐放松紧张的身心，舒缓紧张的情绪，消除工作生活中的心理压力。

音乐如药，具有唤醒沉睡心灵的疗效。音乐也是最好的心灵补品，是潜意识的表达语言。当我们陷在狭小的意识泥沼里无法自拔时，乐观向上的音乐可以为我们展示出一片更加宽阔的空间，让我们在其中忘掉一切烦恼忧愁，

舍弃对生活的偏执，舒缓狭隘意识带给我们的精神痛苦。

音乐还具有疗伤的功效，音乐的声波频率和声压会引起人的生理和心理上的反应。科学家们认为，优美动听的音乐环境有助于改善人的神经、心血管、内分泌和消化系统功能，增进体内活性物质的分泌，而这种物质不仅有利于身体健康，更可以调节体内血管的流量和神经传导。总的来说，音乐有以下几个方面的疗效：

A．释放坏情绪，提高表达能力。

B．消除压力，排忧解烦。

C．提高身体及情绪功能，增加情商。

D．改善调节人际关系的能力及处世的技巧。

E．消减不恰当行为的发生次数，增强自制能力。

F．提高学习兴趣，增强身体灵活性。

G．集中注意力，提升定力。

H．增强个性气质。

I．加快自我成长速度，实现自我价值，确定人生方向。

J. 消除并治愈身体病痛。

音乐是我们最亲密的伙伴，可以与我们的心灵共舞。当我们因情绪消极而感到心烦意乱时，当我们被繁杂的生活困扰时，请记住还有音乐陪伴着我们。为自己的心灵打开一扇窗，然后将音乐放进来，那么我们的内心就会因音乐的旋律而去除杂尘。

音乐减压法绝不是简简单单地听听音乐就好，而是要处于一种“转换状态”的意识中，在音乐中自由地发挥想象力和创造力，体验生命的美感，感受内心世界的丰富，从而使身心得到深度的放松，达到舒缓或消除压力的目的。

|07| 一日三餐，吃出健康，吃光压力

很多食物里面都藏着抵抗抑郁的成分，吃东西不仅可以果腹，还是一种提升内心健康、缓解压力的方法。

一日三餐，既是人们维持生命的最基本要素，也是保证身体健康的重要前提。随着人们的生活和工作压力日益增加，养生受到了愈来愈多的关注。相比吃得多、吃得好，吃得健康变得更为重要。

医学研究发现，某些食物中含有的成分确实有利于帮助人们消除抑郁，恢复轻松愉快的心情。因此，平时多吃一些抗抑郁类食物不仅满足身体营养需求，而且有助于提升情绪。

例如：鱼是消除抑郁的最佳食物，其中效果最好的当属深海鱼类。研究表明，在海边生活的人们通常比较快乐，因为鱼产品是他们的家常便饭。鱼类富含脂肪酸，它可以使体内某种神经质的水平得到提高，从而减轻抑郁情绪，深海鱼类诸如大马哈鱼、鳕鱼等脂肪酸含量最高。而且，深海鱼类还含有大量的硒，它不仅可以维持人的精神处于良好的状态，还能调节人的思维模式。

此外，核桃仁、柏子仁等干果以及可以使精神兴奋的巧克力之类的零食等都能缓解抑郁；南瓜子或葵花籽等富含镁、铁等元素的食品也有助于改善忧郁症患者的情绪，使人产生心情好的感觉。

当然，我们一日三餐里常见的食物中，也含有许多减压的“基因”。

菠菜。研究发现，情绪不好，诸如出现忧郁症及早发性的失智等，都是由于缺乏叶酸造成的。一个人如果连续

5个月都无法摄取足够的叶酸，他就极有可能出现失眠、健忘、焦躁等症状。究其原因，是叶酸的缺失引起脑中血清素的减少，从而导致忧郁情绪的产生。菠菜则是补充叶酸的好选择。

樱桃。美国密歇根大学的科学家们通过研究发现：樱桃中含有一种被称为花青素的物质，它有降低炎症发生的作用。

大蒜。虽然大蒜是刺激性食物，但它的确可以使人们的心情变好。德国科学家在进行相关的研究后发现，相较之下，人们在吃了大蒜或大蒜制品之后，不易感到疲倦或暴躁易怒。

鸡肉。鸡肉中含有大量的硒。英国心理学家班顿等人曾经做过这样的实验，让被试者食用微量的硒，大多被试者在吃了100毫克的硒后，都感觉精神更加充沛、思维更加敏捷。因此，要想更加精神抖擞，多吃点鸡肉吧。

洋葱。研究发现，洋葱头有助于稀释血液浓度，改善大脑供氧情况，因而对于消除过度紧张和心理疲劳，以及集中注意力都有着积极的作用。值得注意的是：只有每天吃至少半个洋葱头，才能达到效果。

南瓜。南瓜含有丰富的维生素 B6 和铁元素。经科学研究证实，葡萄糖是维持人类大脑这台高智能“机器”运转的唯一燃料，而维生素 B6 和铁元素有助于将人体内储存的血糖转化成葡萄糖，从而满足大脑的需求。

葡萄柚。葡萄柚香味浓烈，同时具有提神醒脑的功能。而且葡萄柚还含有大量的维生素 C，不仅能够保持红血球的浓度，还能增强身体抵抗力。此外，维生素 C 还是制造有助于增强人体抵抗力的多巴胺和肾上腺素的重要组成成分。

全麦面包。碳水化合物可以增加人体血液中的血清素含量，所以多吃诸如全麦面包、苏打饼干等复合性的碳水化合物，有利于身体健康。

低脂牛奶。牛奶具有补钙的功效。多喝低脂牛奶有助于人体吸收更多的钙质，舒缓人们紧张、易怒、焦虑等不良情绪。

香蕉。现代科学研究发现，被誉为“智慧之果”的香蕉中含有一种叫作生物碱的物质，它具有振奋精神和提高信心的功效，而且人体中大部分的色胺酸和维生素 B6 都来源于香蕉，它们都有助于大脑分泌血清素。

食物可以为我们解忧释压，带来感官和心理的双重抚慰。除了上述的这些可以带来快乐的食物外，还有一些食物可以帮助我们保持身体健康，对抗外部压力：

蔬菜：红薯为万蔬之首，不仅含有丰富的维生素，更可以对抗癌症。此外芦笋、卷心菜、花椰菜、芹菜、茄子、甜菜、胡萝卜、荠菜、苤蓝菜、金针菇、雪里蕻、大白菜等也是不错的选择。

水果：按照对身体的益处由大到小排列，依次是木瓜、草莓、橘子、猕猴桃、芒果、杏、柿子和西瓜。

肉食：鹅、鸭肉为佳，因为其化学结构与橄榄油相近，对心脏的健康大有益处。

汤食：鸡汤最好，其中又以母鸡汤效果最佳，可以防治感冒、支气管炎等，特别适于冬春季食用。

食用油：宜选用玉米油、米糠油、芝麻油等，植物油与动物油按照 1∶0.5 的比例调配食用效果更好。

零食虽然被人们所诟病，但事实上它并非一无是处，各种坚果类零食，诸如核桃、花生、开心果、腰果、松子、杏仁等，都可以很好地养护大脑。

健康的身体是抵抗压力的前提，而这些对身体有益的食物可以让你拥有一个更加健康的身体，所以，对它们多些偏爱，吃走压力吧！